U0169913

普通高等教育新工科通信类专业系列教材

信号与系统实验指导书

刘兆霆　叶学义　郑长亮

何美霖　许方敏　编著

西安电子科技大学出版社

内 容 简 介

本书是与"信号与系统"课程教材相配套的计算机仿真实验课程指导书。全书内容包括信号的表示与变换、线性时不变系统的时域分析、周期信号的傅里叶级数与频谱、连续线性时不变系统的频域分析、离散时间信号与系统的频域分析、线性时不变系统的性质、线性时不变系统的应用——回声消除、连续信号的采样与重构、连续线性时不变系统的复频域分析——拉普拉斯变换、弦音信号合成与系统建模、信号的 Z 变换、离散傅里叶变换(DFT)等。

本书中的实验内容利用 MATLAB 进行直观的可视化计算机模拟与仿真实现，以帮助学生加深对信号与系统的基本原理、方法及应用的理解，为学习后续课程打好基础。

本书可作为高等院校信号与系统课程教材的配套用书。

图书在版编目(CIP)数据

信号与系统实验指导书 / 刘兆霆等编著. —西安：西安电子科技大学出版社，
2022.6
ISBN 978 - 7 - 5606 - 6468 - 2

Ⅰ. ①信…　Ⅱ. ①刘…　Ⅲ. ①信号系统—实验—高等学校—教学参考资料
Ⅳ. ①TN911.6 - 33

中国版本图书馆 CIP 数据核字(2022)第 092251 号

策　　划　陈　婷
责任编辑　赵婧丽
出版发行　西安电子科技大学出版社(西安市太白南路 2 号)
电　　话　(029)88202421　88201467　　　邮　　编　710071
网　　址　www.xduph.com　　　　　　　电子邮箱　xdupfxb001@163.com
经　　销　新华书店
印刷单位　陕西博文印务有限责任公司
版　　次　2022 年 7 月第 1 版　2022 年 7 月第 1 次印刷
开　　本　787 毫米×1092 毫米　1/16　印张　7
字　　数　161 千字
定　　价　23.00 元
ISBN 978 - 7 - 5606 - 6468 - 2 / TN
XDUP 6770001 - 1

前　　言

　　在通信、电子、雷达、自动化等专业应用领域，工程和科研人员的主要工作内容是对信号的采集、传输、变换以及信号变换前后的系统进行分析与设计。因此，掌握信号与系统的基本理论、原理及分析方法，是对本科院校理工科相关专业学生的基本要求之一。相应地，信号与系统是本科院校理工科相关专业重要的基础理论支柱课程之一，在专业教学中有着重要的作用。然而，由于该课程的理论性和实践性都很强，一味地强调理论知识的学习无法让学生真正理解和掌握相应内容，因此，设计并增加相应的实践环节，开设信号与系统理论课程的配套实验课程成了一个重要的教学手段。该实验课程通过实验的方法对信号与系统的理论知识进行演示、验证、分析、综合等，从而促进学生对各个知识点的理解和掌握。

　　本实验指导书是在杭州电子科技大学通信工程学院课程组老师编写的信号与系统实验内部资料的基础上，进一步参阅和吸收了国内外优秀教材的相关内容，并结合课程组老师多年教学经验积累编写而成的。全书主要包括 12 个实验，每个实验大致可安排 3 至 4 个课时。这些实验均以 MATLAB 仿真软件为工具，围绕"信号与系统"课程中采样与变换、线性系统分析和综合等理论内容进行设计，主要目的是使学生通过这些实验进一步加深对信号与系统方面理论知识的理解和掌握，强化学生的实验分析能力、实践操作能力，培养他们学习、探索信号分析与处理相关知识的兴趣。

　　本书由刘兆霆、叶学义、郑长亮、何美霖、许方敏合作编写。

　　由于编者水平有限，书中不妥之处在所难免，恳切希望广大读者提出批评与指正。

编　者

2022 年 1 月

目　　录

实验 1 信号的表示与变换

一、实验目的

1. 学习使用 MATLAB 产生基本的连续和离散信号，并绘制信号波形。
2. 实现信号的基本运算，为信号分析和系统设计奠定基础。

二、实验原理

1. 基本信号的表示

数学中表示一个函数时，需要有自变量和因变量。在信号与系统中，我们用一个函数来表示一个信号，若信号的自变量是时间，则该信号就称为时域信号，若信号的自变量是频率，则该信号就称为频域信号。对于连续信号，其自变量的取值不是一个或两个数，而是在一个区间内的无穷多个数，对于每一个自变量的取值，函数的因变量都有确定的值与之对应，因此函数的因变量也是无穷多个。严格来说，MATLAB 并不能处理连续信号，只能用等时间间隔点的样值来近似表示连续信号。当取样时间间隔足够小、取出的样值足够多时，这些离散的样值就能较好地近似表示连续信号。因此，我们在 MATLAB 中用某一区间内一组等间隔的数组成的向量来表示信号自变量的取值，对应自变量向量中的每一个值都能根据函数关系求出一个因变量的值，这些因变量的值也组成一个向量，表示连续信号的值，即在 MATLAB 中表示一个信号时需要两个向量，一个是自变量的向量，另一个是信号的值的向量。一般信号的值的向量和自变量的向量是一一对应的。

2. 连续时间信号或离散时间序列的基本运算

信号的基本运算包括加、减、乘、平移、反折、尺度变换等。

（1）相加、相减、相乘：将信号在相同自变量取值时的值进行相加、相减、相乘即可。

（2）平移：对于连续信号 $f(t)$，若有常数 $t_0>0$，则延时信号 $f(t-t_0)$ 是将原信号沿 t 轴向右平移时间 t_0，而 $f(t+t_0)$ 是将原信号沿 t 轴向左平移时间 t_0。

（3）反折：连续信号的反折是指将信号以纵坐标为对称轴进行反转。经过反折运算后，信号 $f(t)$ 变为 $f(-t)$。

（4）尺度变换：连续信号的尺度变换是指将信号的横坐标进行展宽或压缩变换。经过尺度变换后，信号 $f(t)$ 变为 $f(at)$。当 $a>1$ 时，信号 $f(at)$ 以原点为基准，沿横轴压缩至原来的 $1/a$；当 $0<a<1$ 时，信号 $f(at)$ 展宽至原来的 $1/a$ 倍。

离散时间序列也有类似的变换，下面给出这些变换的 MATLAB 编程实现。

设离散阶跃序列为

$$u[n-n_0] = \begin{cases} 1 & (n \geqslant n_0) \\ 0 & (n < n_0) \end{cases}$$

我们可以调用下面的函数命令：

    function [x, n]＝stepseq(n0, n1, n2)
    % 生成阶跃序列 x(n)＝u(n－n0); n1 <＝n <＝n2
    n＝[n1:n2]; x＝[(n－n0) >＝0];

相应地，单位冲激响应为

$$\delta[n-n_0] = \begin{cases} 1 & (n = n_0) \\ 0 & (n \neq n_0) \end{cases}$$

其函数命令如下：

    function [x, n]＝impseq(n0, n1, n2)
    % 生成冲激序列 x(n)＝delta(n－n0); n1 <＝n <＝n2
    n＝[n1:n2]; x＝[(n－n0) ＝＝0];

两个序列相加的函数命令如下：

    function [y, n]＝sigadd(x1, n1, x2, n2)
    % 实现两个序列相加 y(n)＝x1(n)＋x2(n)
    % [y, n]＝sigadd(x1, n1, x2, n2)
    % y 是在 n 上的求和序列，包括 n1 和 n2
    % x1: n1 上的第一个序列
    % x2: n2 上的第二个序列(n2 可以不等于 n1)
    n＝min(min(n1), min(n2)):max(max(n1), max(n2));
    % y(n)的持续时间
    y1＝zeros(1, length(n)); y2＝y1;
    % 初始化
    y1(find((n >＝min(n1))&(n <＝max(n1))＝＝1))＝x1;
    y2(find((n >＝min(n2))&(n <＝max(n2))＝＝1))＝x2;
    y＝y1＋y2;
    % 序列加法

两个序列相乘的函数命令如下：

    function [y, n]＝sigmult(x1, n1, x2, n2)
    % 序列相乘 y(n)＝x1(n) * x2(n)
    % y: n 上的乘积序列，包括 n1 和 n2
    % x1: n1 上的第一个序列
    % x2: n2 上的第二个序列(n2 可以不等于 n1)
      n＝min(min(n1), min(n2)):max(max(n1), max(n2));
    % y(n)的持续时间
    y1＝zeros(1, length(n)); y2＝y1;
    y1(find((n >＝min(n1))&(n <＝max(n1))＝＝1))＝x1;
    y2(find((n >＝min(n2))&(n <＝max(n2))＝＝1))＝x2;
    y＝y1 * y2;
    % 序列乘法

序列平移的函数命令如下：

```
function [y, n]=sigshift(x, m, k)
% 等价于序列时移 y(n)=x(n-k)
n=m+k; y=x;
```

序列反折的函数命令如下：

```
function [y, n]=sigfold(x, n)
% 等价于 y(n)=x(-n)
y=fliplr(x); n=-fliplr(n);
```

序列 $x[n]$ 在区间 n_1 和 n_2 的和可表示为

```
>> sum(x(n1:n2))
```

在该区间的乘为：

```
>> prod(x(n1:n2))
```

序列 $x[n]$ 的能量，即

$$E_x = \sum_{n=-\infty}^{+\infty} x[n]x^*[n] = \sum_{n=-\infty}^{+\infty} |x[n]|^2$$

可表示为

```
>> Ex=sum(x .* conj(x));    % 一种方法
>> Ex=sum(abs(x) .^ 2);     % 另一种方法
```

任意一个序列可以分解为一个奇序列和一个偶序列，其 MATLAB 程序如下：

```
function [xe, xo, m]=evenodd(x, n)
% 真实信号分解为偶数和奇数部分
if any(imag(x) ~=0)
    error('x is not a real sequence')
end
m=-fliplr(n);
m1=min([m, n]);
m2=max([m, n]);
m=m1:m2;
nm=n(1)-m(1); n1=1:length(n);
x1=zeros(1, length(m));
x1(n1+nm)=x;
x=x1;
xe=0.5 * (x+fliplr(x));
xo=0.5 * (x-fliplr(x));
```

三、程序示例

MATLAB 提供了多个函数，用于产生常用的基本信号，如单位阶跃信号、脉冲信号、指数信号、正弦信号和周期矩形波信号等。这些基本信号是信号处理的基础。

【示例 1-1】　单位阶跃信号的产生。单位阶跃信号 $u(t)$ 的定义为

$$u(t)=\begin{cases} 1 & (t>0) \\ 0 & (t<0) \end{cases} \tag{1.1}$$

编写一个函数文件，用于产生单位阶跃信号 $u(t)$。函数文件只能被调用，而不能被运行，产生单位阶跃信号的函数文件如下：

```
function y＝u(t)              %以 function 开头的 MATLAB 文件就是函数文件
        y＝(t＞0);
    end
```

根据单位阶跃信号的定义，当 $t＞0$ 时，y 的返回值为1；反之，y 的返回值为0，从而完成单位阶跃信号的产生。

将以上代码输入 MATLAB 文件编辑器并保存，默认保存名为"u. m"，然后新建 MATLAB 文件调用它产生一个单位阶跃信号并画图。

MATLAB 程序如下：

```
clc, clear;                   %清屏
t＝－2:0.001:6;                %表示自变量的向量，取值范围为[－2，6]
                              %取值间隔为 0.001
x＝u(t);                      %调用编写好的函数文件产生单位阶跃信号
plot(t, x);                   %画出函数图形
axis([－2，6，0，1.2]);        %规定信号波形图上横坐标和纵坐标的显示范围
title('单位阶跃信号');         %给图形加标题
xlabel('t'), ylabel('u(t)')
```

程序运行结果如图 1.1 所示。

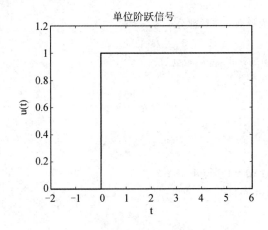

图 1.1　单位阶跃信号

【示例 1－2】　指数信号的产生。指数信号的表达式为

$$f(t)＝K e^{at} \tag{1.2}$$

产生随时间衰减的指数信号。

MATLAB 程序如下：

```
clc, clear;
t＝0:0.001:5;
x＝2 * exp(－t);
plot(t, x);
title('指数信号');
```

程序运行结果如图 1.2 所示。

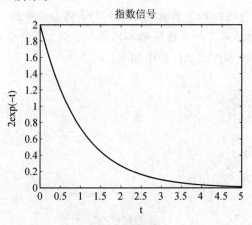

图 1.2　指数信号

【示例 1-3】　正弦信号的产生。正弦信号的表达式为

$$f(t) = K \sin(\omega t + \theta) \tag{1.3}$$

利用 MATLAB 提供的 sin 函数和 cos 函数可产生正弦信号和余弦信号。产生一个幅度为 2、频率为 4 Hz、初始相位为 π/6(MATLAB 中 pi 表示数学上的 π)的正弦信号。

MATLAB 程序如下：

```
clc, clear;
f0＝4;                       %定义一个常量 f0
w0＝2 * pi * f0;             %将赫兹单位的频率转换成角频率
t＝0:0.001:1;
x＝2 * sin(w0 * t＋pi/6);
plot(t, x);
title('正弦信号');
```

程序运行结果如图 1.3 所示。

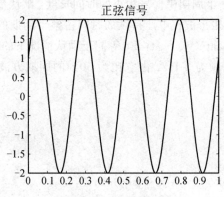

图 1.3　正弦信号

【示例 1-4】　矩形脉冲信号(门信号)的产生。理论上定义的门信号为

$$g_\tau(t) = \begin{cases} 1 & \left(|t| > \dfrac{\tau}{2} \right) \\ 0 & (其他) \end{cases} \tag{1.4}$$

在 MATLAB 中，可以用函数 rectpuls(t，w)产生高度为 1、宽度为 w、关于 $t=0$ 对称的门信号。对门信号移位可以产生普通的矩形信号，将命令中的 t 变为 $t-t_0$($t_0>0$，右移，也称为延时；$t_0<0$，左移)即可产生普通的矩形信号。例如，产生高度为 1、宽度为 4、延时为 2 s 的矩形脉冲信号的 MATLAB 程序如下：

```
clc, clear；
t=-2:0.02:6；
x=rectpuls(t-2，4)；
plot(t，x)；
axis([-2，6，0，1.2])
title('矩形脉冲信号')；
```

程序运行结果如图 1.4 所示。

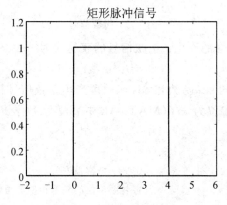

图 1.4 矩形脉冲信号

也可以使用两个单位阶跃信号的移位相减后得到矩形信号或者门信号。

【示例 1-5】 周期矩形波(方波)信号的产生。在 MATLAB 中，使用函数 square(w0 * t，DUTY)可产生基本频率为 ω_0、周期 $T=2\pi/\omega_0$、占空比 DUTY = 100 * (τ/T) 的周期矩形波(方波)。τ 为一个周期中信号为正的时间长度。默认情况下，占空比 DUTY = 50。占空比指的是一个周期内，矩形波正电压持续的时间占整个周期的比例。如果 $\tau=T/2$，那么 DUTY = 50，此时表达式 square(w0 * t，50)等同于默认情况下的表达式 square(w0 * t)。

产生一个幅度为 1、基频为 2 Hz、占空比为 50% 的周期方波。

MATLAB 程序如下：

```
clc, clear；
f0=2；
t=0:0.01:2.5；
w0=2 * pi * f0；
y=square(w0 * t，50)；        %占空比为 50%
plot(t，y)；
axis([0，2.5，-1.5，1.5])；
title('周期方波')；
```

程序运行结果如图 1.5 所示。

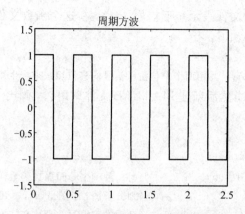

图 1.5　周期矩形波(方波)信号

【示例 1－6】　抽样信号(sinc 函数)的产生。理论上 sinc 函数的定义为

$$\text{sinc}(t) = \frac{\sin t}{t}$$

它是一个偶函数,在 $t = \pm\pi$,$\pm 2\pi$,$\cdots$,$\pm n\pi$ 时,函数值为零。MATLAB 中有专门的函数 sinc() 用于产生抽样信号。

MATLAB 程序如下:

```
clc, clear;
t=-10:1/500:10;
x=sinc(t/pi);
plot(t, x);
title('抽样信号');
grid on;    %图形上显示网格
```

程序运行结果如图 1.6 所示。

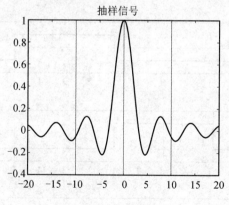

图 1.6　连续抽样信号

【示例 1－7】　已知一脉宽为 4 的矩形信号:

$$f(t) = \begin{cases} 1 & (-1 < t < 3) \\ 0 & (其他) \end{cases}$$

用 MATLAB 分别画出平移 t_0 个单位的信号 $f(t-t_0)$($t_0 = 2$)、反折后的信号 $f(-t)$、尺度变换后的信号 $f(at)$($a = 1/2$)。

　　我们先编写一个函数文件表示矩形信号 $f(t)$，在这个函数文件里，还可以调用之前编写的函数文件 u.m，程序如下：

```
functiony=f(t)
y=u(t+1)−u(t−3)；    ％用两个单位阶跃信号的移位相减来产生矩形信号
```

将该函数文件保存为 f.m，然后新建 MATLAB 文件调用它，画出 $f(t)$ 经过平移、反折、尺度变换后信号的波形。

　　MATLAB 程序如下：

```
clc，clear；
t=linspace(−4，7，10000)；          ％另一种产生等间隔自变量样点的方法
subplot(4，1，1)；                    ％划分子图，子图呈四行一列分布，画子图1
plot(t，f(t))；                        ％调用之前编写的函数文件 f.m
grid on；                              ％显示网格
xlabel('x')，ylabel('f(t)')；         ％标注 x 轴、y 轴
axis([−4，7，−0.5，1.5])；
subplot(4，1，2)，plot(t，f(t−2)，grid on；       ％画子图2
xlabel('x')，ylabel('f(t−2)')；axis([−4，7，−0.5，1.5])；
subplot(4，1，3)，plot(t，f(−t))，grid on；        ％画子图3
xlabel('x')，ylabel('f(−t)')；axis([−4，7，−0.5，1.5])；
subplot(4，1，4)，plot(t，f(1/2 * t))，grid on；    ％画子图4
xlabel('x')，ylabel('f(1/2 * t)')；axis([−4，7，−0.5，1.5])；
```

程序运行结果如图 1.7 所示。

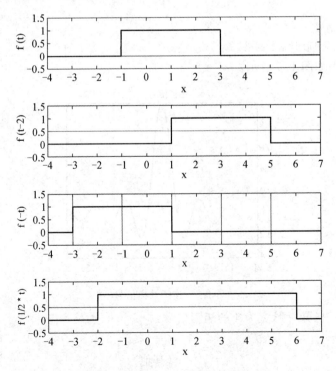

图 1.7　信号的平移、反折、尺度变换

【**示例 1 - 8**】　信号的相加。已知 $f_0(t)=2$，$f_1(t)=\sin\omega_0 t$，$f_2(t)=\sin 3\omega_0 t$，$f_3(t)=\sin 5\omega_0 t$，$\omega_0=2\pi$，$t\in[-3,3]$，用 MATLAB 求 $y(t)=f_0(t)+f_1(t)+f_2(t)+f_3(t)$，并画出各自的波形图。

MATLAB 程序如下：

```
clc, clear;
t=linspace(-3, 3, 1000);
w0=2 * pi;
f0=2 * ones(1, length(t));
f1=sin(w0 * t);
f2=sin(3 * w0 * t);
f3=sin(5 * w0 * t);
y=f0+f1+f2+f3;                 %信号相加
subplot(5, 1, 1), plot(t, f0), axis([-3, 3, 0, 3]);grid on; ylabel('f0');
subplot(5, 1, 2), plot(t, f1), axis([-3, 3, -1, 2]);grid on; ylabel('f1');
subplot(5, 1, 3), plot(t, f2), axis([-3, 3, -1, 2]);grid on; ylabel('f2');
subplot(5, 1, 4), plot(t, f3), axis([-3, 3, -1, 2]);grid on; ylabel('f3');
subplot(5, 1, 5), plot(t, y, 'r');        % 'r'指定图形线条颜色为红色
grid on; axis([-3, 3, -1, 5]);
xlabel('t'); ylabel('y');
```

程序运行结果如图 1.8 所示。

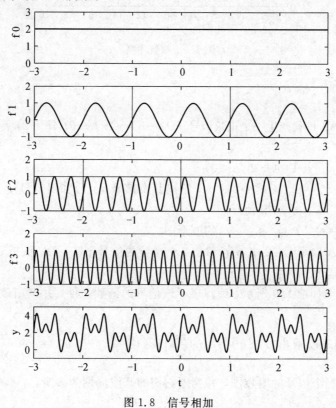

图 1.8　信号相加

【示例 1-9】　用 MATLAB 绘制离散时间实指数序列 $f(n)=0.25 \times 1.2^n$，n 的范围为 $[0，20]$。

MATLAB 程序如下：

```
clc, clear;
n=0:20;
f=0.25 * 1.2 .^ n;
stem(n, f);
xlabel('n');
```

程序运行结果如图 1.9 所示。

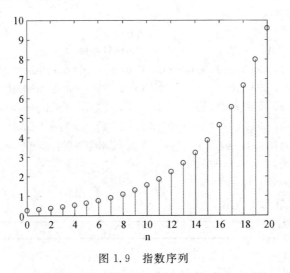

图 1.9　指数序列

四、基本实验

1. 用 MATLAB 编程产生一个正弦信号 $f(t)=K\sin(2\pi ft+\theta)$ （$K=2$，$f=5$ Hz，$\theta=\pi/3$），并画出其波形。

2. 设信号 $f(t)=\begin{cases} 1 & (-2<t<0) \\ 2 & (0<t<2) \\ 0 & (其他) \end{cases}$，给出其奇信号 $f_e(t)$ 和偶信号 $f_o(t)$ 的表达式，用 MATLAB 画出 $f(t)$、$f_e(t)$ 和 $f_o(t)$ 的波形图。

3. 用 MATLAB 画出题 2 中 $f(t)$ 移位 2 个单位的信号 $f(t-2)$、反折后的信号 $f(-t)$、尺度变换后的信号 $f(3t)$ 和 $f(t/3)$。

4. 信号波形图如图 1.9 所示，编写表示该信号的函数文件，并调用该函数文件画出信号的波形图。

5. 用 MATLAB 画出 $x_1(n)=\sin\left(\dfrac{\pi n}{4}\right)\cos\left(\dfrac{\pi n}{4}\right)$、$x_2(n)=\cos^2\left(\dfrac{\pi n}{4}\right)$ 和 $x_2(n)=\sin\left(\dfrac{\pi n}{4}\right)\cos\left(\dfrac{\pi n}{8}\right)$ 三个信号的时域图，并判断它们的基波周期为多少。

6. 对题 1 中的信号 $f(t)$ 进行以下基本运算，并画出运算后的波形图。

(1) $f(1-t)$；   (2) $f(2t+2)$；

(3) $f\left(2-\dfrac{t}{3}\right)$；   (4) $[f(t)+f(2-t)]u(1-t)$。

五、拓展实验

1. 学习语音信号处理的几个常用 MATLAB 命令（audioread、sound、resample 等），录制一段或几段语音信号并转换为 wav 格式，在 MATLAB 中读入该信号并绘制其波形图。

2. 用 MATLAB 实现语音信号的反折和平移运算，输出运算后的语音信号，并绘制该信号的波形图。

3. 用 MATLAB 实现语音信号与正弦信号的相加，输出运算后的语音信号，并绘制该信号的波形图。

4. 用 MATLAB 实现语音信号与正弦信号的相乘，输出运算后的语音信号，并绘制该信号的波形图。

5. 用 MATLAB 对处理过的语音信号进行回放。

实验 2　线性时不变系统的时域分析

一、实验目的

1. 加深对线性时不变系统中零状态响应概念的理解，掌握其 MATLAB 求解方法。
2. 掌握卷积运算中的数值计算，验证卷积的性质。
3. 运用 MATLAB 分析给定的连续/离散线性时不变系统的单位冲激响应和单位阶跃响应。
4. 学会运用 MATLAB 求解线性时不变系统的零输入响应和零状态响应。

二、实验原理

1. 连续信号的卷积积分

卷积是信号与系统中一个最基本的，也是最重要的概念，它实际上是基于一种将复杂问题进行分解的思想。通过卷积运算，可以将任意信号分解为单位冲激信号的移位加权和。在时域中，对于连续时间线性时不变(LTI)系统，其零状态响应等于输入信号与系统冲激响应的卷积，利用卷积定理，这种关系又对应频域中的乘积。

1）卷积积分的定义

两信号 $f_1(t)$ 和 $f_2(t)$ 的卷积为

$$f_1(t) * f_2(t) = \int_{-\infty}^{+\infty} f_1(\tau) f_2(t-\tau) \mathrm{d}\tau$$

$$= \int_{-\infty}^{+\infty} f_2(\tau) f_1(t-\tau) \mathrm{d}\tau \tag{2.1}$$

如果 $f_1(t)$ 和 $f_2(t)$ 都是时间持续有限的信号，对于 $f_1(t)$ 在时间区间 (a_1, b_1) 有 $f_1(t) \neq 0$，对于 $f_2(t)$ 在时间区间 (a_2, b_2) 有 $f_2(t) \neq 0$，那么卷积 $f_1(t) * f_2(t)$ 的非零区间为 (a_1+a_2, b_1+b_2)。任意双边信号 $f(t)$ 可表示为卷积的形式

$$f(t) = \int_{-\infty}^{+\infty} f(\tau) \delta(t-\tau) \mathrm{d}\tau = f(t) * \delta(t) \tag{2.2}$$

2）卷积积分的 MATLAB 实现过程

MATLAB 信号处理工具箱提供了一个可计算两个离散序列卷积和的函数 conv()。若向量 a 和 b 是待卷积的两个序列，则 c=conv(a, b)就是 a 与 b 卷积后得到的新序列。两个向量卷积，相当于多项式乘法。例如，a=[1 2 3]、b=[1 1]是两个向量，a 和 b 的卷积是把 a 的元素作为一个多项式的系数，多项式按升幂（或降幂）排列，写出对应的多项式 $1+2x+3x^2$；同

样的，把 b 的元素也作为多项式的系数按升幂（或降幂）排列，写出对应的多项式 $1+x$。卷积就是"两个多项式相乘取系数"，因为 $(1+2x+3x^2)\times(1+x)=1+3x+5x^2+3x^3$，所以 a 和 b 卷积的结果是 $[1\ 3\ 5\ 3]$。

对于连续卷积，根据公式(2.1)得

$$f(t)=f_1(t)*f_2(t)=\lim_{\Delta\to 0}\sum_{k=-\infty}^{+\infty}f_1(k\Delta)f_2(t-k\Delta)\Delta$$

如果令 $t=n\Delta$（n 为整数），则

$$f(n\Delta)=\sum_{k=-\infty}^{+\infty}f_1(k\Delta)\cdot f_2(n\Delta-k\Delta)\Delta$$

因此

$$f(n\Delta)=\Delta\sum_{k=-\infty}^{+\infty}f_1(k\Delta)f_2\big[(n-k)\Delta\big] \tag{2.3}$$

即有 $f(n)=\Delta\sum_{k=-\infty}^{+\infty}f_1(k)f_2(n-k)$。　这说明连续卷积的积分可由离散卷积的和近似代替，只要取样时间间隔 Δ 足够小，就可以得到高精度卷积积分的数值计算。 根据公式(2.3)，我们在 MATLAB 中求解两个连续信号 $f_1(t)$ 与 $f_2(t)$ 卷积的过程如下：

(1) 将连续信号 $f_1(t)$ 与 $f_2(t)$ 以时间间隔 Δ 进行取样，得到离散序列 $f_1(n\Delta)$ 与 $f_2(n\Delta)$；

(2) 构造与 $f_1(n\Delta)$、$f_2(n\Delta)$ 相对应的时间向量 n_1、n_2；

(3) 调用 conv() 函数计算卷积积分 $f(t)$ 的近似向量 $f(n\Delta)$；

(4) 构造近似向量 $f(n\Delta)$ 对应的时间向量 n。

根据以上步骤，我们以函数 conv() 为基础，编写一个求连续信号卷积的函数程序，并封装成为一个类型的命令函数 MATLAB 文件 sconv()，可被其他 MATLAB 文件调用。

```
function [y, k]=sconv(f1, f2, k1, k2, T)
y=conv(f1, f2);                          %计算需要序列 f1 与 f2 的卷积 y
y=y*T;                                    %将卷积 y 进行采样，见式(2.3)
k_start=k1(1)+k2(1);                      %计算卷积 y 的时间起点位置
k_end=length(f1)+length(f2)-1;           %计算卷积 y 的长度
k=k_start:T:(k_start+(k_end-1)*T);       %确定卷积 y 的时间序列
```

一般来说，卷积所得新序列的时间范围、序列长度都会发生变化。例如，设 $f_1(n)$ 的长度为 5，$-3\leqslant n\leqslant 1$；$f_2(n)$ 的长度为 7，$2\leqslant n\leqslant 8$；则卷积后得到的新序列长度为 11，$-1\leqslant n\leqslant 9$。

3) 卷积积分的性质

卷积积分作为一种运算，也满足数学运算中的交换律、结合律和分配律。

交换律：

$$x(n)*h(n)=h(n)*x(n)$$

结合律：

$$[x(n)*h_1(n)]*h_2(n)=x(n)*[h_1(n)*h_2(n)]$$

分配律：

$$x(n) * [h_1(n) + h_2(n)] = x(n) * h_1(n) + x(n) * h_2(n)$$

通过本实验验证卷积积分的结合律和分配律。

验证结合律，我们要将其中两个信号先进行卷积，再与第三个信号相卷积。将写好的程序保存，编译运行，最后把得到的信号保存下来。将刚刚用过的三个信号调换位置，重复上面的操作。将程序保存，编译运行，就可以看到所得信号与上面保存的信号是一样的。这说明卷积满足结合律。

验证分配律，我们先把两个信号相加，然后与第三个信号相卷积。程序写好后，保存并编译运行。再把这两个信号分别与第三个信号进行卷积，然后再把两个信号叠加。保存程序，编译运行。观察比较前后两个程序的输出。若输出一致，则说明卷积满足分配律。

2. 零状态响应、单位冲激响应、单位阶跃响应

1) 基本概念

由于电路系统中存在电感、电容等储能元件，因此系统在开始工作时会有一个初始状态，这样会导致在输入信号为零的情况下系统也会有一个输出信号，该输出信号称为系统的零输入响应。

如果不考虑系统的初始状态，即认为系统的输入信号为零时，系统的输出也为零。只有当系统有输入信号后，系统才会产生输出信号，该输出信号称为系统的零状态响应。当输入信号为单位冲激信号时，系统的零状态响应称为单位冲激响应。在时域中，对于 LTI 连续时间系统，其零状态响应等于输入信号与系统冲激响应的卷积，即 $f(t)$ 作用下系统的零状态响应为 $y_f(t) = f(t) * h(t)$。于是，系统的零状态响应可以由卷积积分求得。当输入信号为单位阶跃信号时，系统的零状态响应成为单位阶跃响应。

在连续时间 LTI 系统中，冲激响应和阶跃响应是系统特性的描述，因此，对它们的分析是线性系统中极为重要的问题。输入为单位冲激函数 $\delta(t)$ 所引起的零状态响应称为单位冲激响应，简称为冲激响应，用 $h(t)$ 表示；输入为单位阶跃函数 $u(t)$ 所引起的零状态响应称为单位阶跃响应，简称为阶跃响应，用 $g(t)$ 表示。在 MATLAB 中，对于连续时间 LTI 系统的冲激响应和阶跃响应的数值解，可分别用控制系统工具箱提供的函数 impulse() 和 step() 来求解。其语句格式分别为 $y = $ impulse(sys, t) 和 $y = $ step(sys, t)，其中，t 表示计算系统响应的时间抽样点向量，sys 表示 LTI 系统模型。

2) MATLAB 求解

一个 LTI 系统可以用一个常系数线性微分方程来描述，设系统方程为

$$a_3 y'''(t) + a_2 y''(t) + a_1 y'(t) + a_0 y(t)$$
$$= b_3 f'''(t) + b_2 f''(t) + b_1 f'(t) + b_0 f(t)$$

为了求该系统的单位冲激响应，MATLAB 提供了一个库函数 impulse()，它的调用格式分别为

```
sys = tf(b, a)
```

和

　　　　h=impulse(sys, t)

其中，tf()函数中的参数 b 和 a 分别为 LTI 系统微分方程右端和左端各项系数向量，**b**=
$[b_3$　b_2　b_1　$b_0]$，**a**=$[a_3$　a_2　a_1　$a_0]$；t 为求得的单位冲激响应 h 对应的时间序列。

　　若要求该系统在输入信号 $f(t)$ 下的零状态响应，可以通过调用 MATLAB 的库函数
lsim()。调用格式为

　　　　sys=tf(b, a)

和

　　　　y=lsim(sys, f, t)，

其中，lsim()函数中的 f 为输入信号对应的信号值序列，t 为 y 对应的时间序列。

　　也可以将该输入信号与系统的单位冲激响应做卷积求得。系统单位阶跃响应的求解也
可以通过调用 MATLAB 的库函数 step()来实现，其调用格式为

　　　　sys=tf(b, a)

　　　　g=lsim(sys, t)

其中，t 为 g 对应的时间序列。

　　求单位阶跃响应也可以用单位阶跃信号与系统的单位冲激响应做卷积求得。

　　在 MATLAB 中，对于离散 LTI 系统的冲激响应的数值解，可用函数 impz()来求解。
其语句格式为

　　　　y=impz(b, a)

　　　　y=impz(b, a, 60)　　　　　　　%绘出系统 0~60 取样点范围内的单位冲激响应波形

　　　　y=impz(b, a, n1, n2)　　　　　%绘出系统 n1~n2 取样点范围内的单位冲激响应波形

　　另外，MATLAB 提供了求系统响应的专用函数 filter()。该函数可以求出由差分方程
描述的离散系统在指定激励时所产生的响应序列的数值解。其调用格式为

　　　　filter(b, a, x)

三、程序示例

　　【示例 2-1】　给定两个连续信号：

$$f_1(t) = \begin{cases} 2 & (0 < t < 4) \\ 0 & (其他) \end{cases}$$

和

$$f_2(t) = \begin{cases} 1 & (0 < t < 2) \\ 0 & (其他) \end{cases}$$

调用 sconv()函数求 $f_1(t) * f_2(t)$，并画出对应的信号波形。

　　MATLAB 程序如下：

```
clear;
T=0.001;
k1=-1:T:5;
f1=2*(k1<4 & k1>0);                              % f1(t)的 MATLAB 描述
```

```
k2=-1:T:3;
f2=(k2>0 & k2<2);                          % f2(t)信号的描述
[y, k]=sconv(f1, f2, k1, k2, T);
subplot(3, 1, 1)                           % 画图程序
plot(k1, f1);
axis([-1, 5, 0, 2.2])                      % f1 的显示范围
title('f1');
subplot(3, 1, 2)
plot(k2, f2);
axis([-1, 3, 0, 1.2])
title('f2');                               % f2 的显示范围
subplot(3, 1, 3)
plot(k, y);
title('y=f1 * f2');
axis([min(k), max(k), min(y), max(y)+0.2])  % y 的显示范围
```

程序运行结果如图 2.1 所示。

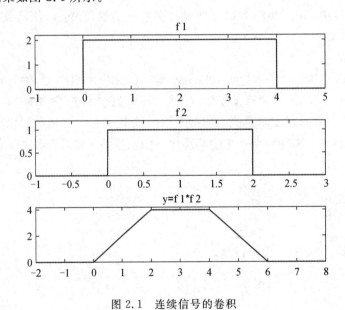

图 2.1　连续信号的卷积

【示例 2 - 2】　已知系统的微分方程为

$$y''(t)+3y'(t)+2y(t)=f'(t)+3f(t)$$

求该系统的单位冲激响应，绘出其波形图，并与理论求得的结果进行比较。

MATLAB 程序如下：

```
clear;
t=0:0.01:5;
b=[1, 3];
a=[1, 3, 2];
```

```
sys=tf(b, a);
y=impulse(sys, t)
subplot(2, 1, 1)
plot(t, y)
title('MATLAB 求得解')
y1=2 * exp(−t)−exp(−2 * t);
subplot(2, 1, 2)
plot(t, y1);
title('理论解')
```

程序运行结果如图 2.2 所示。

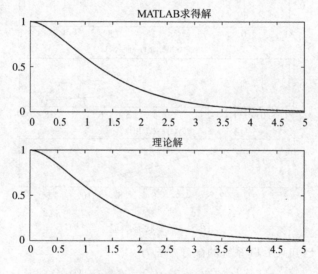

图 2.2　单位冲激响应

【**示例 2 - 3**】　已知某系统的单位冲激响应为 $h(t)=0.8^t[u(t)-u(t-8)]$，试用 MATLAB 求：当激励信号为 $x(t)=u(t)-u(t-4)$ 时，系统的零状态响应，并画出波形图。

MATLAB 程序如下：

```
clear;
T=0.001;
t1=−1:T:5;
xt=(t1>=0&t1<=4);
t2=−1:T:9;
ht=(0.8. ^ t2). * ((t2>=0)&(t2<=8));
[y, k]=sconv(xt, ht, t1, t2, T);
subplot(3, 1, 1)
plot(t1, xt)
axis([min(t1), max(t1), min(xt), max(xt)+0.2]);
title('x(t)=u(t)−u(t−4)');
```

```
subplot(3, 1, 2)
plot(t2, ht)
axis([min(t2), max(t2), min(ht), max(ht)+0.2])
title('h(t)=0.8^t * (u(t)-u(t-8))')
subplot(3, 1, 3)
plot(k, y)
title('y(t)=x(t) * h(t)')
```

程序运行结果如图 2.3 所示。

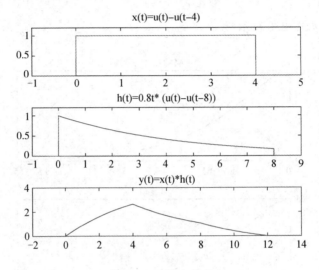

图 2.3　零状态响应

【示例 2 - 4】　已知某 LTI 系统的微分方程为

$$y''(t)+2y'(t)+32y(t)=f'(t)+16f(t)$$

试用 MATLAB 命令绘出系统的冲激响应和阶跃响应波形图。

MATLAB 程序如下：

```
clear
t=0:0.001:6;
sys=tf([1, 16], [1, 2, 32]);
h=impulse(sys, t);
g=step(sys, t);
subplot(211), plot(t, h), grid on;
xlabel('Time(sec)'), ylabel('h(t)')
title('冲激响应')
subplot(212), plot(t, g), grid on;
xlabel('Time(sec)'), ylabel('g(t)')
title('阶跃响应')
```

程序运行结果如图 2.4 所示。

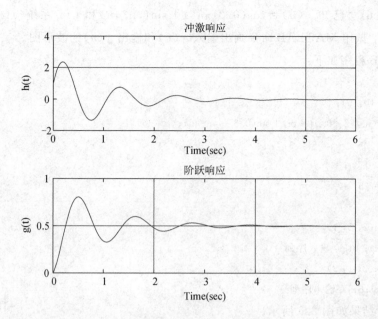

图 2.4　系统的冲激响应和阶跃响应

【示例 2–5】　一线性时不变离散系统

$$y(n) + y(n-1) + 0.9y(n-2) = x(n)$$

试绘出系统冲激响应的波形图。

MATLAB 程序如下：

```
a=[1 1 0.9];
b=[1];
n=0:16;
impz(b,a,60)
```

程序运行结果如图 2.5 所示。

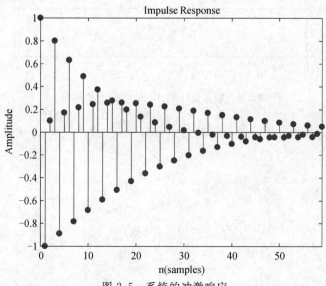

图 2.5　系统的冲激响应

【示例 2 - 6】 已知 $x(n) = \cos(0.01\pi n^2) + \sin(0.3\pi n)$ 和 LIT 系统 $y(n) = x(n) + 0.08x(n-1)$，试用 MATLAB 命令画出输入 $x(n)$ 和输出 $y(n)$ 的波形图。

MATLAB 程序如下：

```
clear
n=(-10:10);
x=cos(n. ^ 2 * 0.01 * pi)+sin(0.3. * n * pi);
a=1;
b=[1, 0.8];
z=filter(b, a, x)
figure;
subplot(2, 1, 1)
stem(x); title('输入序列')
subplot(2, 1, 2)
stem(z);title('输出序列')
```

程序运行结果如图 2.6 所示。

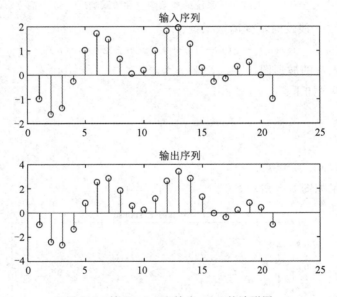

图 2.6　输入 $x(n)$ 和输出 $y(n)$ 的波形图

四、基本实验

1. 已知

$$f_1(t) = \begin{cases} 1 & (-1 < t < 1) \\ 0 & (其他) \end{cases}$$

和

$$f_2(t) = \begin{cases} 2 & (-1<t<1) \\ 0 & (其他) \end{cases}$$

求 $y(t)=f_1(t)*f_2(t)$，画出 $f_1(t)$、$f_2(t)$ 和 $y(t)$ 的波形图。并进一步思考：当进行卷积的两个矩形信号宽度相等时，卷积结果是什么形状；当进行卷积的两个矩形信号宽度不相等时，卷积结果是什么形状。

2. 已知系统的微分方程为 $y''(t)+6y'(t)+9y(t)=f(t)$，求该系统的单位冲激响应和单位阶跃响应，并画出相应的波形图。将该单位冲激响应与理论计算值进行比较，结果是否一致？

3. 已知系统的微分方程为 $y''(t)+5y''(t)+6y(t)=3f(t)$，当外加激励信号为 $f(t)=e^{-t}[U(t)-U(t-10)]$ 时，求系统的零状态响应并画出相应的信号波形图，用两种方法进行 MATLAB 求解，并比较结果是否一致。

4. 一线性时不变离散系统 $y(n)-0.25y(n-1)+0.5y(n-2)=x(n)+x(n-1)$，试画出系统冲激响应、单位阶跃响应的波形图，以及激励 $x(n)=(0.5)^n u(n)$、初始条件为零时系统响应 $y(n)$ 的波形图。

五、拓展实验

1. 已知 $f_1(t)$ 和 $f_2(t)$ 的波形图如图 2.7 所示，求 $f_1(t)*f_2(t)$，并画出对应的波形图。

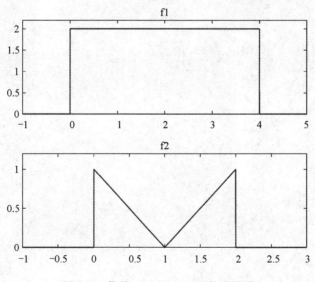

图 2.7　信号 $f_1(t)$ 和 $f_2(t)$ 的波形图

2. 已知

$$f_3(t) = \begin{cases} 2 & (-1<t<1) \\ 0 & (其他) \end{cases}$$

将 $f_1(t)*f_2(t)$ 的结果与 $f_3(t)$ 进行卷积，验证卷积的结合律。

3. 利用上述 $f_1(t)$、$f_2(t)$ 和 $f_3(t)$ 验证卷积的分配率。

4. 假设系统的系统函数为

$$H(s) = \frac{s^2 + 3s + 7}{s^4 + 4s^3 + 6s^2 + 4s + 1}$$

根据 MATLAB 函数 step() 和函数 impulse()，可以用几种方法绘制出系统的单位阶跃响应曲线？

实验 3　周期信号的傅里叶级数与频谱

一、实验目的

1. 运用 MATLAB 分析傅里叶级数展开，深刻理解傅里叶级数的物理意义。
2. 运用 MATLAB 分析周期信号的频谱特性。

二、实验原理

1. 信号的时间特性与频率特性

信号可以表示为随时间变化的物理量，比如电压 $u(t)$ 和电流 $i(t)$ 等，其特性主要表现为随着时间的变化，波形幅值的大小、持续时间的长短、变化速率的快慢、波动的速度及重复周期的大小随之变化，信号的这些特性称为时间特性。

信号还可以分解为一个直流分量和多个不同频率的正弦分量之和。主要表现在：各频率正弦分量所占比重的大小不同；频率分量所占的频率范围不同。信号的这些特性称为信号的频率特性。

无论是信号的时间特性还是频率特性，都包含了信号的全部信息量。

2. 周期信号的傅里叶级数

设周期信号 $x(t)$，其周期为 T，角频率为 $\omega_0 = 2\pi f_0 = \dfrac{2\pi}{T}$，则该信号可展开为三角形式的傅里叶级数，即

$$x(t) = \sum_{n=-\infty}^{\infty} X_n \mathrm{e}^{jn\omega_0 t} = a_0 + \sum_{n=\pm 1}^{\infty} (a_n \cos\omega_0 t + b_n \sin\omega_0 t) \tag{3.1}$$

其中，$X_n = \dfrac{1}{T}\displaystyle\int_{t_0}^{T+t_0} x(t)\mathrm{e}^{-jn\omega_0 t}\mathrm{d}t$ 是傅里叶级数的系数。根据函数的正交性，各正弦项与各余弦项的系数 $\{a_n, b_n\}$ 可表示为

$$a_n = 2\mathrm{Re}(X_n) = \frac{2}{T}\int_{t_0}^{T+t_0} x(t)\cos(n\omega_0 t)\mathrm{d}t \tag{3.2}$$

$$b_n = -2\mathrm{Im}(X_n) = \frac{2}{T}\int_{t_0}^{T+t_0} x(t)\sin(n\omega_0 t)\mathrm{d}t \tag{3.3}$$

且 $a_0 = \dfrac{1}{T}\displaystyle\int_{t_0}^{T+t_0} x(t)\mathrm{d}t$，其中 $n = 1, 2, \cdots$，积分区间取为 $(t_0, T+t_0)$，为了方便，通常取为 $(0, T)$ 或 $\left(-\dfrac{T}{2}, \dfrac{T}{2}\right)$。

以周期方波信号为例说明周期信号的傅里叶级数，一个周期为 T_0 的正方波信号为

$$x(t) = \begin{cases} 1 & (|t| < \tau) \\ 0 & \left(\tau < |t| < \dfrac{T_0}{2}\right) \end{cases}，如图3.1所示。在一个周期内，从 -\tau \sim \tau 幅值为1，其余为0。$$

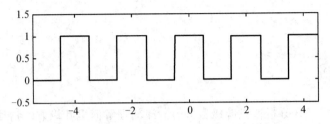

图 3.1　周期正方波信号

由傅里叶级数展开式可知，方波信号傅里叶级数的系数为

$$X_n = a_n = \frac{\sin(n\omega_0\tau)}{n\pi} = \frac{2\tau}{T_0}\mathrm{Sa}(n\omega_0\tau) \tag{3.4}$$

MATLAB 中有 sinc() 函数，$\mathrm{sinc}(t) = \dfrac{\sin t}{t}$，所以该周期信号可以表示为傅里叶级数的形式

$$x(t) = a_0 + a_1 e^{j\omega_0 t} + a_2 e^{j2\omega_0 t} + a_3 e^{j3\omega_0 t} + a_4 e^{j4\omega_0 t} + \cdots \tag{3.5}$$

考虑占空比为 0.5 时的方波，即 $T_0 = 4\tau$。当 n 为偶数时，$X_n = 0$，所以

$$x(t) = a_0 + a_1 e^{j\omega_0 t} + a_3 e^{j3\omega_0 t} + a_5 e^{j5\omega_0 t} + \cdots \tag{3.6}$$

进一步代入 a_k 得

$$x(t) = \frac{2\tau}{T_0} + \frac{\sin(\omega_0\tau)}{\pi}[\cos(\omega_0 t) + j\sin(\omega_0 t)] + \frac{\sin(3\omega_0\tau)}{3\pi}[\cos(3\omega_0 t) + j\sin(3\omega_0 t)] + \cdots$$

$$= \frac{1}{2} + \frac{1}{\pi}\cos(\pi t) + \frac{1}{3\pi}\cos(3\pi t) + \frac{1}{5\pi}\cos(5\pi t) + \frac{1}{7\pi}\cos(7\pi t) + \cdots \tag{3.7}$$

可以看出在方波各频率分量中，直流分量为 0.5，偶次谐波分量为 0，各奇次谐波分量比值为 $1 : \dfrac{1}{3} : \dfrac{1}{5} : \dfrac{1}{7} : \cdots$。

对于用奇函数表示的周期方波信号 $x(t) = \begin{cases} 1 & \left(t < \dfrac{T_0}{2}\right) \\ 0 & \left(\dfrac{T_0}{2} < t < T_0\right) \end{cases}$，如图 3.2 所示，可以分

解为

$$x(t) = \frac{4}{\pi}\left(\sin\omega_0 t + \frac{1}{3}\sin 3\omega_0 t + \frac{1}{5}\sin 5\omega_0 t + \frac{1}{7}\sin 7\omega_0 t + \cdots\right) \tag{3.8}$$

可以看出方波各频率分量中，直流分量为 0，偶次谐波分量为 0，各奇次谐波分量比值为 $1 : \dfrac{1}{3} : \dfrac{1}{5} : \dfrac{1}{7} : \cdots$。

在实际应用中，周期信号的傅里叶级数表示一般通过有限项求和近似获得，这会导致吉布斯现象。吉布斯现象是指周期信号经过傅里叶级数分解以后，用有限项级数相加的部

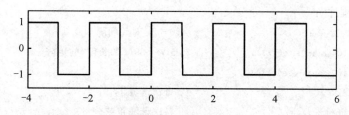

图 3.2　周期方波信号

分和来逼近。对于有不连续点的波形，所取的级数项越多，部分和近似波形与原波形的误差越小，但在信号跃变处附近的峰起值与峰落值（又称作肩峰幅值）不会随谐波次数 n 的增大而减小，肩峰幅值约为跃变值的 9%。运行下面的程序，可以比较清楚地看到吉布斯现象。

```
clf; clear all
w0=2 * pi; DC=0; N=60;
for k=1:N
  X(k)=sin(k * pi/2)/(k * pi/2);
end
X=[DC X];
Ts=0.001; t=0:Ts:1−Ts;
L=length(t); x=[ones(1, L/4) zeros(1, L/2) ones(1, L/4)]; x=(x−0.5) * 2;
xN=X(1) * ones(1, length(t));
for k=2:N
  xN=xN+2 * X(k) * cos(2 * pi * (k−1). * t);
  plot(t, xN); axis([0 max(t) 1.1 * min(xN) 1.1 * max(xN)])
  hold on; plot(t, x, 'r')
  ylabel('x(t), x N(t)'); xlabel('t (sec)');grid
  hold off
  pause(0.1)
end
```

3. 周期信号的频谱分析

周期信号通过傅里叶级数分解，可展成一系列相互正交的正弦信号或复指数信号的分量的加权求和。从广义上说，信号的某种特征量随信号频率变化的关系，称为信号频谱。傅里叶系数的幅度 $|X_n|$ 随角频率 $n\omega_0$ 的变化关系绘制成图形，称为周期信号的幅度频谱，简称为幅度谱。相位 φ_n 随角频率 $n\omega_0$ 变化关系绘制成图形，称为周期信号的相位频谱，简称相位谱。幅度谱和相位谱统称为周期信号的频谱。

三、程序示例

【示例 3−1】　将频率为 50 Hz，幅值为 3 的方波进行分解，给出前 5 项谐波，并在不同坐标系和同一坐标系下绘制各次谐波波形图。

MATLAB 程序如下：

```
t＝0:0.01:2 * pi;                          % 0—2π 时间间隔为 0.01
y＝zeros(10, max(size(t)));               % 10 * 629(t 的长度)的矩阵
x＝zeros(10, max(size(t)));
for k＝1:2:9                               % 奇次谐波 1, 3, 5, 7, 9
    x1＝sin(k * t)/k;                      % 各次谐波正弦分量
    x(k, :)＝x(k, :)＋x1;                  % x 第 k(1, 3, 5, 7, 9)行存放 k 次谐波的 629 个值
    y((k＋1)/2, :)＝x(k, :);               % 矩阵非零行向量移至 1—5 行
end
subplot(2, 1, 1);
plot(t, y(1:5, :));                       % 绘制 y 矩阵中 1—5 行随时间波形
grid;
halft＝ceil(length(t)/2);                  % 行向量长度减半(由于对称前后段一致)
subplot(2, 1, 2);                         % 绘制三维图形：矩阵 y 中全部行向量的一半
mesh(t(1:halft), [1:10], y(:, 1:halft));
```

程序运行结果如图 3.3 所示。

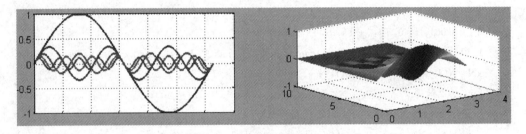

图 3.3　周期方波的分解

【示例 3 - 2】　求周期为 5，占空比为 50％的周期方波信号的傅里叶级数，用 MATLAB 实现其各次谐波的叠加，并观察吉布斯现象。

MATLAB 程序如下：

```
clear
t＝linspace(−2 * pi, 2 * pi, 10000);
x＝square(0.4 * pi * t＋pi/2, 50);
plot(t, x)
axis([−2 * pi, 2 * pi,−.2, 1.2]);
gridon
sumterms＝zeros(16, length(t));
sumterms(1, :)＝.5;
for n＝1:size(sumterms, 1)−1
    sumterms(n＋1, :)＝(2/(pi * n) * sin(pi * n/2)) * cos(n * t);
end
x_N＝cumsum(sumterms);
ind＝0;
```

```
for N=[0, 1:2:size(sumterms, 1)−1]
    ind=ind+1;
    subplot(3, 3, ind)
    plot(t, x_N(N+1, :), 'k', t, x, 'r−−')
    axis([−2 * pi, 2 * pi,−.2, 1.2]);
    xlabel('t')
    ylabel(['x_{', num2str(N), '}(t)'])
end
```

程序运行结果如图 3.4 所示。

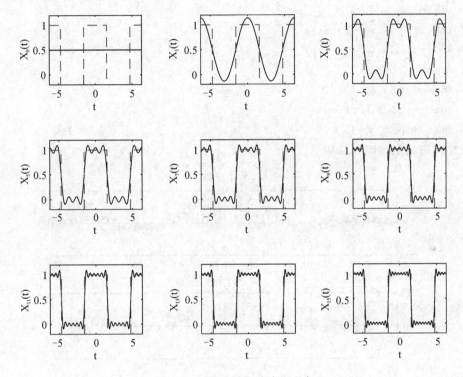

图 3.4　周期方波与吉布斯现象

【**示例 3 - 3**】　已知周期矩形脉冲 $x(t)$ 如图 3.1 所示，设脉冲幅度 1，宽度为 τ，重复周期为 T。将其展开为指数形式的傅里叶级数，画出了 $\{\tau=1,T=10\}$、$\{\tau=1,T=5\}$ 和 $\{\tau=2,T=10\}$ 三种情况下的频谱图，分析周期矩形脉冲的宽度 τ 和周期 T 变化时，对其频谱的影响，并分析谱线间隔与什么有关。

MATLAB 程序如下：

```
clear
n=−30:30;
tau=1;T=10;w1=2 * pi/T;
x=n * tau/T;
fn=tau/T * sinc(x);
subplot(311);
stem(n * w1, fn), gridon
```

```
title('\tau=1, T=10')
tau=1;T=5;w2=2*pi/T;
x=n*tau/T;
fn=tau/T*sinc(x);
m=round(30*w1/w2);
n1=-m:m;
fn=fn(30-m+1:30+m+1);
subplot(312);
stem(n1*w2,fn),gridon
title('\tau=1, T=5')
tau=2;T=10;w3=2*pi/T;
x=n*tau/T;
fn=tau/T*sinc(x);
subplot(313);
stem(n*w3,fn),gridon
title('\tau=2，T=10')
```

程序运行结果如图 3.5 所示。

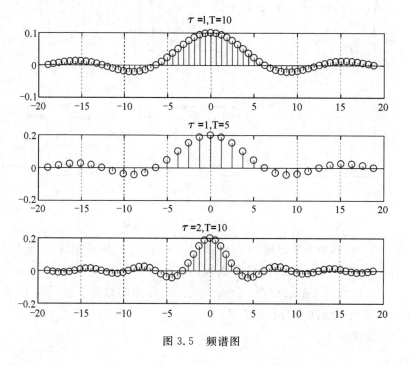

图 3.5　频谱图

四、基本实验

1. 参考实验原理，解释下面程序中"f1＝f1＋cos(pi＊n＊t)＊sinc(n/2)"；画出并观察 N 值改变时合成波形的变化。

t＝-4.5:0.001:5.5;

```
t1=-4.499:0.001:5.5;
x=[ones(1, 1000), zeros(1, 1000)];
x=[x, x, x, x, x];
subplot(1, 2, 1);
plot(t1, x, 'linewidth', 1.5);
axis([-4.5, 5.5,-0.5, 1.5]);
N=10;
c0=0.5;
f1=c0 * ones(1, length(t))
for n=1:N
    f1=f1+cos(pi * n * t) * sinc(n/2);
end
subplot(1, 2, 2);
plot(t, f1, 'r', 'linewidth', 1.5);
axis([-4.5, 5.5,-0.5, 1.5]);
```

2. 分别对

$$x_1(t) = \begin{cases} 1 & (t<1) \\ 0 & (1<t<2) \end{cases} \text{ 和 } x_2(t) = \begin{cases} 1 & (|t|<0.5) \\ 0 & (0.5<|t|<1) \end{cases}$$

两个周期为 2 的方波进行合成,注意比较:① 原方波与合成方波;② 两个方波合成有何不同;③ 当傅里叶级数的项数增加时,合成方波的变化。

3. 求频率为 1 Hz、占空比为 50% 的周期方波信号(如图 3.6 所示)的傅里叶级数,用 MATLAB 编程实现其各次谐波的叠加,并观测吉布斯现象。

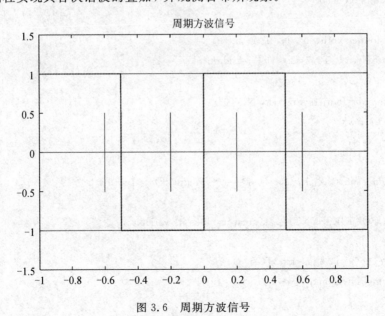

图 3.6 周期方波信号

(1)通过理论分析,写出周期方波信号的傅里叶级数展开式的理论表示式;

(2)取脉冲幅度 1,周期 $T=1$,分别求出 1、3、5、11、47 项傅里叶级数求和的结果,并画图比较分析；

（3）当 T 取 1、3、8 时，分别画出该信号的频谱图，分析比较结果，得出相应结论。

五、拓展实验

MATLAB 提供了基于符号积分的周期信号傅里叶分析与综合。

（1）运行下列程序，并解释程序每段的作用；

（2）当改变相应参数时，程序结果有什么变化？

程序 1：

```
syms wt t ak k
N=50；T0=2；
ak=sin(k)/k；
wt=fouriersynth(ak, N, T0)；
ezplot(wt, [-T0, T0])；grid on
axis tight
```

程序 2：

```
syms t xt XNt ak wwk k omega
T0=6；
xt=sin(2 * pi * t/T0)；
wwk=exp(-j * (2 * pi * k/T0) * t)
ak=(1/T0) * int( xt * wwk, t, 0, T0/2)
ak=simplify( ak )
N=9；
xNt=fouriersynth( ak, N, T0)；
ezplot(xNt, [-T0/2, 2 * T0])；grid on
```

程序 3：

```
function xt=fouriersynth( ak, N, T0 )
syms t k wwk
kk=-N:N；
try
ak_num=subs( ak, k, kk+((kk==0)+sign(kk)) * 1e-9 )
catch
error('FOURIERSYNTH: ak must use k as its variable')
end
wwk=exp(j * (2 * pi * kk'/T0) * t)；
xt=simplify(ak_num * wwk )；
```

实验 4　连续线性时不变系统的频域分析

一、实验目的

1. 掌握连续时间信号的傅里叶变换和傅里叶逆变换的实现方法。
2. 了解傅里叶变换的时移特性及验证方法。
3. 掌握函数 fourier() 和函数 ifourier() 的调用格式及作用。
4. 掌握傅里叶变换的数值计算方法，以及绘制信号频谱图的方法。

二、实验原理

1. 非周期信号的频谱分析

信号 $f(t)$ 的傅里叶变换定义为

$$F(\omega) = \int_{-\infty}^{\infty} f(t) e^{-j\omega t} dt \tag{4.1}$$

它是由信号的时域表示式求其频谱表示式的变换公式。傅里叶逆变换的定义为

$$f(t) = \frac{1}{2\pi} \int_{-\infty}^{\infty} F(\omega) e^{j\omega t} d\omega \tag{4.2}$$

它用于由信号的频谱函数求其原时间函数。MATLAB 的符号数学工具箱提供了直接求解傅里叶变换与傅里叶逆变换的函数 fourier() 和 ifourier()。$F(\omega)$ 一般为复函数，可以用极坐标表示 $F(\omega) = |F(\omega)| e^{j\varphi(\omega)}$，其中 $|F(\omega)|$ 和 $\varphi(\omega)$ 分别表示幅频函数和相频函数。

2. 连续线性时不变系统的频率特性

连续线性时不变系统的频率特性称为频率响应特性，是指系统在正弦信号的激励下稳态响应随激励信号频率的变化而变化的情况，又称系统函数 $H(\omega)$。零状态的线性系统如图 4.1 所示。

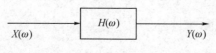

图 4.1　LTI 系统框图

系统函数 $H(\omega)$ 的定义为 $H(\omega) = Y(\omega)/X(\omega)$，式中，$X(\omega)$ 为系统激励信号的傅里叶变换，$Y(\omega)$ 为系统在零状态条件下输出响应信号的傅里叶变换。系统函数 $H(\omega)$ 反映了系统内

在的固有特性，它取决于系统自身的结构及组成系统元器件的参数，与外部激励无关，是描述系统特性的一个重要参数。$H(\omega)$ 是 ω 的复函数，可以表示为 $H(\omega)=|H(\omega)|\mathrm{e}^{\mathrm{j}\varphi(\omega)}$，其中 $|H(\omega)|$ 随 ω 变化的规律称为系统的幅频特性，$\varphi(\omega)$ 随 ω 变化的规律称为系统的相频特性。

三、程序示例

【示例 4-1】　试用 MATLAB 中的符号函数求下列信号的傅里叶变换：

(1) 已知连续时间信号 $f(t)=\mathrm{e}^{-2|t|}$，画出 $f(t)$ 的傅里叶变换；

(2) 画出 $f(t)=\dfrac{2}{3}\mathrm{e}^{-3t}\mathrm{u}(t)$ 的波形及其幅频特性曲线。

(1) MATLAB 程序如下：

```
syms t;                    % 时间符号
f=exp(-2 * abs(t));        % 符号函数
F=fourier(exp(-2 * abs(t)));
subplot(1, 2, 1);
ezplot(f);
subplot(1, 2, 2);
ezplot(F);
```

连续时间信号 $f(t)$ 的傅里叶变换如图 4.2 所示。

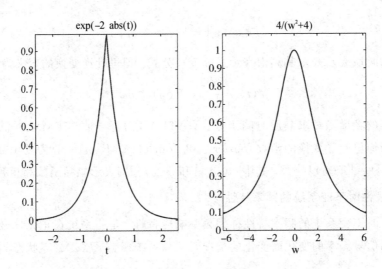

图 4.2　连续时间信号 $f(t)$ 的傅里叶变换

(2) MATLAB 程序如下：

```
syms t
f=2/3 * exp(-3 * t) * heaviside(t);
F=fourier(f);
subplot(2, 1, 1);
```

```
ezplot(f);
subplot(2, 1, 2);
ezplot(abs(F));
```

信号 $f(t) = \dfrac{2}{3}\mathrm{e}^{-3t}\mathrm{u}(t)$ 的波形及其幅频特性曲线如图 4.3 所示。

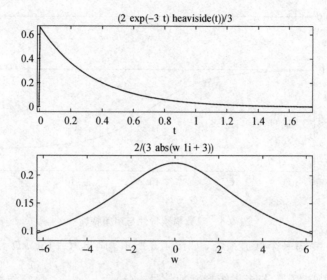

图 4.3　信号波形及其幅频特性曲线

【示例 4-2】　某系统的频响函数 $H(\omega) = \dfrac{1}{1+\mathrm{j}10\omega}$，试画出该函数的对数幅频特性与相频特性。

MATLAB 程序如下：

```
omega=logspace(-3, 1, 500);
h=1./(1+i*10*omega);
figure;
subplot(2, 1, 1)
semilogx(omega, 20*log10(abs(h)))
xlabel('w');
ylabel('幅频特性');
grid on;
subplot(2, 1, 2);
semilogx(omega, angle(h));
xlabel('w');
ylabel('相频特性');
grid on;
```

程序运行结果如图 4.4 所示。

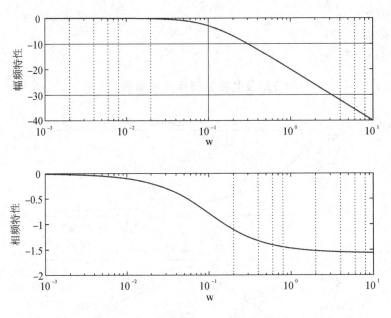

图 4.4　对数幅频特性与相频特性

【**示例 4 - 3**】　考虑一个低通系统，如图 4.5 所示。画出 $R = 150$ kΩ 和 $C = 1$ μF 时系统的幅频特性和相频特性图。若考虑矩形脉冲信号 $x(t) = \begin{cases} 1 & (|t| < 2) \\ 0 & (其他) \end{cases}$ 作为系统的输入，分别画出输入信号、系统响应的幅频特性和相频特性图。

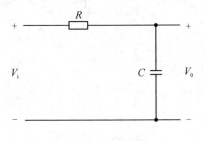

图 4.5　低通系统

该低通系统的传递函数可表示为 $H(jf) = \dfrac{1}{1 + j2\pi fRC}$，矩形脉冲信号的傅里叶变换 $X(jf) = 4\mathrm{sinc}(4\pi f)$，系统输出的傅里叶变换 $Y(jf) = H(jf)X(jf)$。

MATLAB 程序如下：

```
f=-5:.001:5;
X=4*sinc(4*f);
subplot(3,2,1)
plot(f,abs(X))
xlabel('w');ylabel('输入信号幅频');grid on;
subplot(3,2,2)
plot(f,angle(X))
```

```
xlabel('w');ylabel('输入信号相频');grid on;
R=1.5E6;
C=1E-6;
H=1./(1+j*2*pi*f*R*C);
subplot(3,2,3)
plot(f,abs(H))
xlabel('w');
ylabel('系统幅频');grid on;
subplot(3,2,4)
plot(f,angle(H))
xlabel('w');
ylabel('系统相频');grid on;
Y=H.*X;
subplot(3,2,5)
plot(f,abs(Y))
xlabel('w');
ylabel('输出信号幅频');grid on;
subplot(3,2,6)
plot(f,angle(Y))
xlabel('w');
ylabel('输出信号相频');grid on;
```

程序运行结果如图 4.6 所示。

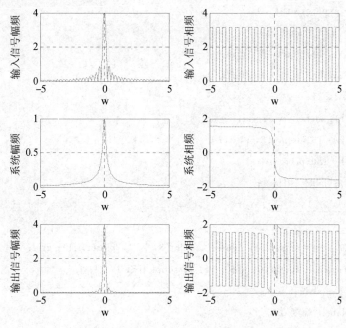

图 4.6   幅频特性和相频特性图

四、基本实验

1. 求下列信号的傅里叶变换表达式并画图。

(1) $f_1(t) = u(t) - u(t-1)$;　　(2) $f_2(t) = e^{-2|t|}$。

2. 求 $F(j\omega) = 2\mathrm{sinc}(\omega)$ 的傅里叶逆变换表达式并画图。

3. 根据傅里叶变换公式和积分内涵，我们可以得到信号 $f(t)$ 的傅里叶变换表达式为

$$F(j\omega) = \int_{-\infty}^{+\infty} f(t)e^{-j\omega t}\,dt = \lim_{\tau \to 0}\sum_{n=-\infty}^{\infty} f(n\tau)e^{-j\omega n\tau}\tau$$

当 $f(t)$ 为时限信号，或可近似看作时限信号时，上式中的 n 取值是有限的。若设这个有限值为 N，则 $F(j\omega)$ 可表示为

$$F(k) = \tau\sum_{n=0}^{N-1} f(n\tau)e^{-j\omega_k n\tau}\ (0 \leqslant k \leqslant N)$$

式中，$\omega_k = \dfrac{2\pi k}{N\tau}$。

按照上面傅里叶变换的数值计算原理，完成下列程序，分别绘出信号 $f(t) = 0.5e^{-2t}u(t)$ 与信号 $g(t) = f(t-1)$ 的频谱图，并分析信号平移对信号频谱产生影响的原因。

```
clear
r=0.02; t=-5:r:5; N=200;
k=-N:N; w=k*2*pi /N;
f1=1/2*exp(-2*t).*stepfun(t,0);
F=r*f1*exp(-j*t'*w);
F1=abs(F); P1=angle(F);
subplot(3,1,1);plot(t,f1);grid;
xlabel('t');ylabel('f(t)');title('f(t)');
subplot(3,1,2);
plot(w,F1); xlabel('w');grid;
ylabel('F(jw)'); subplot(3,1,3);
plot(w,P1*180/pi);
xlabel('w');ylabel('相位');
g1=_____ ;
G=_____ ;
G1=abs(G); P1=angle(G); figure; subplot(3,1,1);plot(t,f1); grid;
xlabel('t');ylabel('f(t)');title('f(t-1)'); subplot(3,1,2);
plot(w,G1); xlabel('w');
grid on; ylabel('幅度');
subplot(3,1,3);plot(w,P1*180/pi);
grid; xlabel('w'); ylabel('相位');
```

五、拓展实验

1. 考虑矩形脉冲信号 $x(t) = \begin{cases} 1 & (|t| < 2) \\ 0 & (其他) \end{cases}$，试绘出 $f_1(t) = f(t)\mathrm{e}^{-\mathrm{j}10t}$ 和信号 $f_2(t) = f(t)\mathrm{e}^{\mathrm{j}10t}$ 的频谱图，并与原信号的频谱图进行比较，分析原因。

2. 信号 $f(t) = \begin{cases} 1 & (|t| < 1) \\ 0 & (其他) \end{cases}$ 与余弦信号 $\cos 10\pi t$ 进行相乘（调制），通过 MATLAB 仿真比较并分析原信号 $f(t)$ 和乘积信号 $f(t)\cos 10\pi t$ 频谱的区别。

实验 5　离散时间信号与系统的频域分析

一、实验目的

1. 掌握离散时间信号与系统的频域分析方法。
2. 掌握离散时间信号傅里叶变换与傅里叶逆变换的实现方法。
3. 掌握离散时间傅里叶变换的特点及应用。
4. 掌握离散时间傅里叶变换的数值计算方法及绘制信号频谱的方法。

二、实验原理

1. 离散时间信号傅里叶变换

由傅里叶变换原理可知：

$$F(\mathrm{e}^{\mathrm{j}\omega}) = \sum_{n=-\infty}^{+\infty} f(n)\mathrm{e}^{-\mathrm{j}\omega n}$$

因为序列 $f(n)$ 的离散时间傅里叶变换 $F(\mathrm{e}^{\mathrm{j}\omega})$ 是 ω 的连续函数，且数据在 MATLAB 中以向量的形式存在，所以 $F(\mathrm{e}^{\mathrm{j}\omega})$ 只能在一个给定的离散频率的集合中计算。然而，只有类似

$$F(\mathrm{e}^{\mathrm{j}\omega}) = \frac{p_0 + p_1\mathrm{e}^{-\mathrm{j}\omega} + p_2\mathrm{e}^{-\mathrm{j}2\omega} + \cdots + p_M\mathrm{e}^{-\mathrm{j}\omega M}}{d_0 + d_1\mathrm{e}^{-\mathrm{j}\omega} + d_2\mathrm{e}^{-\mathrm{j}2\omega} + \cdots + d_N\mathrm{e}^{-\mathrm{j}\omega N}}$$

形式的 $\mathrm{e}^{-\mathrm{j}\omega}$ 的有理函数，才能计算其离散时间傅里叶变换。根据傅里叶变换原理，一个离散信号 $x(n)$ 的傅里叶变换可以采用 MATLAB 函数 polyval(p, x)进行数值计算。MATLAB 函数 polyval(p, x)用来计算多项式 p 在 x 的每个点处的值，参数 p 是长度为 $n+1$ 的向量，其元素是 n 次多项式的系数（降幂排序），表达式为 $p(x) = p_1 x^n + p_2 x^{n-1} + \cdots + p_n x + p_{n+1}$。

2. 离散时间系统的频率特性

离散 LTI 系统的单位冲激响应可以完全表征该系统，因此可以通过 $h(n)$ 特性来分析系统的特性。系统单位冲激响应 $h(n)$ 的傅里叶变换 $H(\mathrm{e}^{\mathrm{j}\omega})$ 成为 LTI 系统的频率响应，与连续时间 LTI 系统类似，通过系统频率响应可以分析出系统频率特性。与系统单位冲激响应 $h(n)$ 一样，系统的频率响应 $H(\mathrm{e}^{\mathrm{j}\omega})$ 反映了系统内在的固有特性，它取决于系统自身的结构及组成系统元件的参数，与外部激励无关，是描述系统特性的一个重要参数。$H(\mathrm{e}^{\mathrm{j}\omega})$ 是频率的复函数，可以表示为

$$H(\mathrm{e}^{\mathrm{j}\omega}) = |H(\mathrm{e}^{\mathrm{j}\omega})|\mathrm{e}^{\mathrm{j}\phi(\omega)}$$

其中：$|H(e^{j\omega})|$ 随频率变化的规律称为幅频特性；$\varphi(\omega)$ 随频率变化的规律称为相频特性。

MATLAB 提供了 freqz() 函数，用来实现离散时间系统频率响应特性的求解。调用格式为

$$[H, w] = freqz(B, A, N)$$

其中：B 和 A 分别是离散系统的系统函数分子、分母多项式的系数向量；返回值 H 则包含了离散系统频响在 $0 \sim \pi$ 范围内 N 个频率等分点的值（其中 N 为正整数）；w 则包含了在 $0 \sim \pi$ 范围内有 N 个频率等分点。调用默认的 N 时，其值是 512。由于 $H(e^{j\omega})$ 是 ω 的连续函数，需要尽可能大地选取 N 的值，以使得产生的图形和真实离散傅里叶变换的图形尽可能一致，因此，为更加方便快速地运算，应将 N 的值选为 2 的幂，如 256 或 512。

三、程序示例

【示例 5-1】 对于离散信号 $x(n)$，在 $-4 \leqslant n \leqslant 4$ 时，$x(n) = [1, 2, -1, -2, 0, 2, 1, -2, -1]$，而在其他情况下，$x(n) = 0$。通过 MATLAB 编程画出信号 $x(n)$ 幅频特性和相频特性图。

根据离散傅里叶变换公式，可以得到

$$X(e^{j\omega}) = x(-4)e^{4j\omega} + x(-3)e^{3j\omega} + x(-2)e^{2j\omega} + x(-1)e^{j\omega} + x(0) + x(1)e^{-j\omega} +$$
$$x(2)e^{-2j\omega} + x(3)e^{-3j\omega} + x(4)e^{-4j\omega}$$
$$= \frac{x(-4)e^{8j\omega} + x(-3)e^{7j\omega} + x(-2)e^{6j\omega} + x(-1)e^{5j\omega} + x(0)e^{4j\omega} + x(1)e^{3j\omega} + x(2)e^{2j\omega} + x(3)e^{j\omega} + x(4)}{e^{4j\omega}}$$

因此可以采用 MATLAB 函数 polyval(p, x) 计算信号 $x(n)$ 的离散傅里叶变换。

MATLAB 程序如下：

```
clear
x = [1 2 -1 -2 0 2 1 -2 -1];
n2 = 4;
Omega = linspace(-pi, pi, 501);
X = @(Omega) polyval(x, exp(1j * Omega))./exp(1j * Omega * n2);
subplot(211);
plot(Omega, abs(X(Omega)));
grid on;
xlabel('\omega');
ylabel('X 的模');
subplot(212);
plot(Omega, angle(X(Omega)));
grid;
xlabel('\omega');
ylabel('X 相位')
```

信号 $x(n)$ 的幅频特性和相频特性如图 5.1 所示。

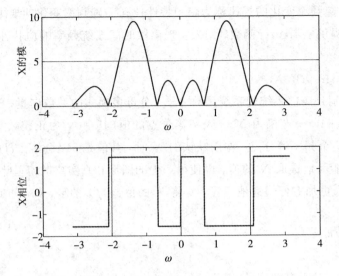

图 5.1　幅频特性和相频特性

【示例 5 - 2】　离散信号 $x(n)=\dfrac{\omega_0}{\pi}\text{sinc}\left[\dfrac{\omega_0(n-n_0)}{\pi}\right]$，画出在 $-5\leqslant n\leqslant 30$，$n_0=12$，$\omega_0=\pi$ 时，信号 $x(n)$ 的时域图、幅频特性和相频特性图。

MATLAB 程序如下：

```
clear
Omega1=pi/3; ng=12; n=-5:30;
Omega=linspace(-pi, pi, 5001);
hhat=@(n) Omega1/pi * sinc(Omega1 * (n-ng)/pi). * ((n>=0)&(n<=2*ng));
Hhat=@(Omega) polyval(hhat(0:2*ng), exp(1j*Omega))./exp(1j*Omega*(2*ng));
subplot(311);
stem(n, hhat(n));grid on;
xlabel('n');
ylabel('h[n]');
subplot(312);
plot(Omega, abs(Hhat(Omega)));
grid on;
xlabel('\omega');
ylabel('X 的模');
subplot(313);
plot(Omega, unwrap(angle(Hhat(Omega))));
grid on;
xlabel('\omega');
ylabel('X 的相位');
```

信号 $x(n)$ 的时域图、幅频特性和相频特性图如图 5.2 所示。

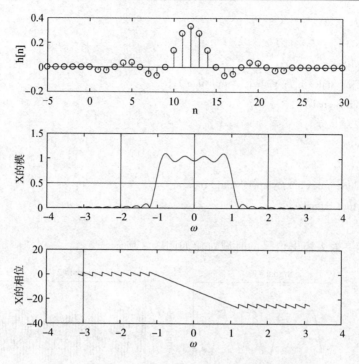

图 5.2 信号 $x(n)$ 的时域图、幅频特性和相频特性图

【示例 5-3】 离散信号 $x(n) = s_1(n) + s_2(n)$，其中 $s_1 = \cos(2\pi \times 0.05 \times n)$ 和 $s_2 = \cos(2\pi \times 0.47 \times n)$ 分别代表低频和高频时的余弦信号。让信号 $x(n)$ 通过一个低通系统 $H(e^{j\omega}) = 1 + 2e^{-j\omega} + 3e^{-j2\omega} + \cdots + Me^{-j\omega M}$，观察该信号的输入输出情况。

```
clear
n=0:100;
s1=cos(2 * pi * 0.05 * n);  s2=cos(2 * pi * 0.47 * n);   % S2 为高频正弦波
x=s1+s2;
M=input('Desired length of the filter=');
num=ones(1, M);
y=filter(num, 1, x)/M;
clf;
subplot(2, 2, 1);
plot(n, s1);
axis([0, 100, -2, 2]);
xlabel('Time index n'); ylabel('Amplitude');
title('Signal #1');
subplot(2, 2, 2);
plot(n, s2);
axis([0, 100, -2, 2]);
xlabel('Time index n'); ylabel('Amplitude');
title('Signal #2');
```

```
subplot(2, 2, 3);
plot(n, x);
axis([0, 100, -2, 2]);
xlabel('Time index n'); ylabel('Amplitude');
title('Input Signal');
subplot(2, 2, 4);
plot(n, y);
axis([0, 100, -2, 2]);
xlabel('Time index n'); ylabel('Amplitude');
title('Output Signal');
axis;
```

当 M＝5 时，输入输出信号的时域对比如图 5.3 所示。

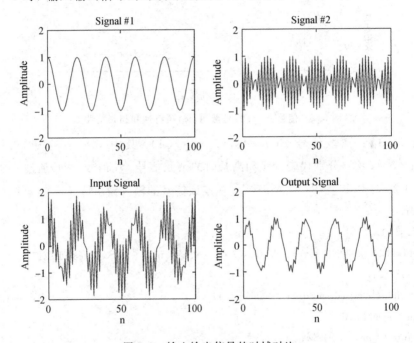

图 5.3　输入输出信号的时域对比

【示例 5 - 4】　一个离散线性时不变系统 $H(e^{i\omega})$ 可以用差分方程 $y(n)=0.1x(n)-0.1176x(n-1)+0.1x(n-2)-1.7119y(n-1)+0.81y(n-2)$ 表示，通过 MATLAB 分析该系统的幅频特性和相频特性。

MATLAB 程序如下：

```
clear all;
w=-4 * pi:8 * pi/511:4 * pi;
num=[0.1 -0.1176 0.1]; den=[0.1 -1.7119 0.81];
h=freqz(num, den, w);
subplot(2, 1, 1)
plot(w/pi, real(h));
```

```
grid;
title('H(e^j^\omega)的实部')
xlabel('\omega/\pi');
ylabel('振幅');
subplot(2, 1, 2)
plot(w/pi, imag(h));
grid;
title('H(e^j^\omega)的虚部')
xlabel('\omega/\pi');
ylabel('振幅');
figure;
subplot(2, 1, 1)
plot(w/pi, abs(h)); grid;
title('H(e^j^\omega)的幅度谱')
xlabel('\omega/\pi'); ylabel('振幅');
subplot(2, 1, 2)
plot(w/pi, angle(h)); grid;
title('H(e^j^\omega)的相位谱')
xlabel('\omega/\pi'); ylabel('相位');
```

系统 $H(e^{j\omega})$ 的实部、虚部、幅度谱和相位谱如图 5.4 所示。

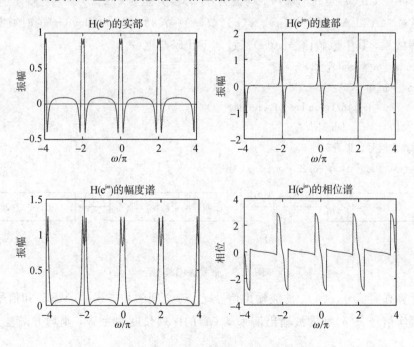

图 5.4 $H(e^{j\omega})$ 的实部、虚部、幅度谱和相位谱

四、基本实验

1. 离散信号 $x(n)$ 的傅里叶参考程序是序列在 $-4\pi \leqslant \omega \leqslant 4\pi$ 范围的离散时间傅里叶变换

$$X(e^{j\omega}) = \frac{2 + e^{-j\omega}}{1 - 0.6e^{-j\omega}}$$

(1) 计算离散时间信号 $x(n)$ 的实部、虚部、幅度谱和相位谱。

(2) 通过比较结果的幅度谱和相位谱，验证离散时间傅里叶变换的时移特性（提示：可设 $num2 = [zeros(1, D), num]$）。

2. 在上述示例 5-3 中，如果系统 $H(e^{j\omega})$ 可表示为一个差分方程 $y(n) = 0.5(x(n) - x(n-1))$，其他条件不变，试分析系统的输入输出情况有什么变换。

五、拓展实验

1. 对一个受到加性噪声干扰的信号进行去噪和恢复，系统设计如图 5.5 所示，其中 LTI 系统-1 和 LTI 系统-2 可分别表示为差分方程 $y(n) - 0.25y(n-1) = x(n)$ 和 $\hat{x}(n) = \hat{y}(n) - 0.25\hat{y}(n-1)$。三阶移动平均滤波器（moving average filter）系统 $H(e^{j\omega}) = 1 + 2e^{-j\omega} + 3e^{-j2\omega}$，$d(n)$ 是高斯噪声，均值为 0，标准方差为 0.2。

(1) 通过 MATLAB 画出 $x(n)$、$y(n)$、$d(n)$、$v(n)$、$\hat{x}(n)$ 和 $\hat{y}(n)$ 的时域图，分析此设计的去噪效果，其中原始信号 $x(n)$ 通过如下代码产生：

```
Number_of_samples = 200;
Time_length = 20;
Ts = Time_length/(Number_of_samples-1);
N = 0:Ts:Time_length;
% 真实信号，非周期性
xn = ((0.9).^n).*cos(2*pi.*n);
```

图 5.5   信号去噪模型

(2) 计算真实信号 $x(n)$、滤波输出信号 $x_r(n)$ 之间的均方误差（MSE）和信号能量。提示：假设真实信号 $x(n)$ 和滤波输出信号 $x_r(n)$ 的序列长度均为 N，则均方误差 MSE 定义如下：

$$MSE = \sum_{n=0}^{N-1} [x(n) - x_r(n)]^2$$

信号能量的平方定义为

$$S = \sum_{n=1}^{N}\left[x(n)\right]^2$$

2. 下列 MATLAB 程序给出了单位冲激响应为 $h=[0.03\ \ 0.4\ \ 0.54\ \ 0.2\ \ -0.2]$ 的离散时不变系统对复指数序列 $x(n)=\mathrm{e}^{\mathrm{j}\omega n}$ 的时频响应，其中频率 ω 分别为 0、$\pi/9$、$2\pi/9$、$3\pi/9$、$4\pi/9$、$5\pi/9$、$6\pi/9$、$7\pi/9$、$8\pi/9$ 和 π，理解每行程序，分析并解释相应的结果(如图 5.6 所示)。

```
clc;
clear;
close all;
%% 脉冲响应 h[n]定义如下：
h=[0.03  0.4  0.54  0.2  -0.2];
omegas=[0 pi/9  2 * pi/9  3 * pi/9  4 * pi/9  5 * pi/9  6 * pi/9 7 * pi/9 8 * pi/9 pi ];
omega_str=['0n      '; '\pin/9 ';  '2\pin/9';  '3\pin/9';  '4\pin/9';
              '5\pin/9';  '6\pin/9'; '7\pin/9'; '8\pin/9'; '\pin    '; ];
N=64;
n=0:N-1;
M=length(h);
K=N+M-1;                        % 输出信号 y(n)的大小
k=0:K-1;
x=zeros(6, N);
y=zeros(6, N+length(h)-1);      % h 和 x(i, :)卷积的大小
for i=1:size(omegas, 2)
    x(i, :)=exp(1i * omegas(i) * n);
    y(i, :)=fastconv2(h, x(i, :));
end
%% 第一部分
sequences y[i].
figure('Name', 'Exercise 3.1.1 Response of a System to a Complex Exponential');
for i=1:5
    subplot(5, 4, 4 * i-3);
    stem(n, real(x(i, :)), 'x');
    title(['\Ree\{x_{', int2str(i), '}[n]\}=cos(', omega_str(i, :), ')']);
    axis tight;
    grid on;
    subplot(5, 4, 4 * i-2);
    stem(n, imag(x(i, :)), 'x', 'r');
    title(['\Imm\{x_{', int2str(i), '}[n]\}=sin(', omega_str(i, :), ')']);
    axis tight;
    grid on;
    subplot(5, 4, 4 * i-1);
```

```
        stem(k, abs(y(i, :)), 'x');
        title(['|y_', int2str(i), '[n]|']);
        axis tight;
        ylim([0 1.15]);
        grid on;
        subplot(5, 4, 4 * i);
        stem(k, angle(y(i, :)), 'x', 'r');
        title(['\angley_', int2str(i), '[n]']);
        axis tight;
        grid on;
end
x1=0.28;
y1=0.9;
annotation('textbox', [x1 y1 0.1 0.1],
        'String', 'Inputs', 'FontSize', 20,
        'LineStyle', 'none');
x1=0.685;
y1=0.9;
annotation('textbox', [x1 y1 0.1 0.1],
        'String', 'Outputs', 'FontSize', 20,
        'LineStyle', 'none');
figure('Name', 'Response of a System to a Complex Exponential');
for i=6:10
        subplot(5, 4, 4 * i-23);
        stem(n, real(x(i, :)), 'x');
        title(['\Ree\{x_{', int2str(i), '}[n]\}=cos(', omega_str(i, :), ')']);
        axis tight;
        grid on;
        subplot(5, 4, 4 * i-22);
        stem(n, imag(x(i, :)), 'x', 'r');
        title(['\Imm\{x_{', int2str(i), '}[n]\}=sin(', omega_str(i, :), ')']);
        axis tight;
        grid on;
        subplot(5, 4, 4 * i-21);
        stem(k, abs(y(i, :)), 'x');
        title(['|y_{', int2str(i), '}[n]|']);
        axis tight;
        ylim([0 1.15]);
        grid on;
        subplot(5, 4, 4 * i-20);
```

```
            stem(k, angle(y(i, :)), 'x', 'r');
            title(['\angley_{', int2str(i), '}[n]']);
            axis tight;
            grid on;
    end
    x1=0.28;
    y1=0.9;
    annotation('textbox', [x1 y1 0.1 0.1],
               'String', 'Inputs', 'FontSize', 20,
               'LineStyle', 'none');
    x1=0.685;
    y1=0.9;
    annotation('textbox', [x1 y1 0.1 0.1],
               'String', 'Outputs', 'FontSize', 20,
               'LineStyle', 'none');
    %% 第二部分
    y_ssmags=abs(y(:, 50));
    figure('Name', 'Response of a System to a Complex Exponential');
    plot(omegas, y_ssmags, '*-');
    title('Magnitude of Output Response vs Input Frequency');
    set(gca, 'XTick', 0:pi/9:pi);
    set(gca, 'XTickLabel', {'0', 'pi/9', '2pi/9', '3pi/9', '4pi/9',
                            '5pi/9', '6pi/9', '7pi/9', '8pi/9', 'pi' })
    axis tight;
    grid on;
    xlabel('Digital Frequency (rad/sample)');
    %% 第三部分:计算并画出离散时间傅里叶变换
    figure('Name', ' Response of a System to a Complex Exponential');
    freqz(h, 1);
    hold on;
    plot(omegas/pi, 20 * log10(y_ssmags), 'r*-');
    title(['System Frequency Response via function freqz() (blue)';
        ' and Magnitude of Output Steady-State Values |y[50]| (red)    ';]);
```

上面主程序涉及的 MATLAB 函数定义如下:

```
    function z=fastconv2(x, y)
    x=x(:).';
    y=y(:).';
    N=length(x);
    M=length(y);
    L  =2^nextpow2(N+M-1);
```

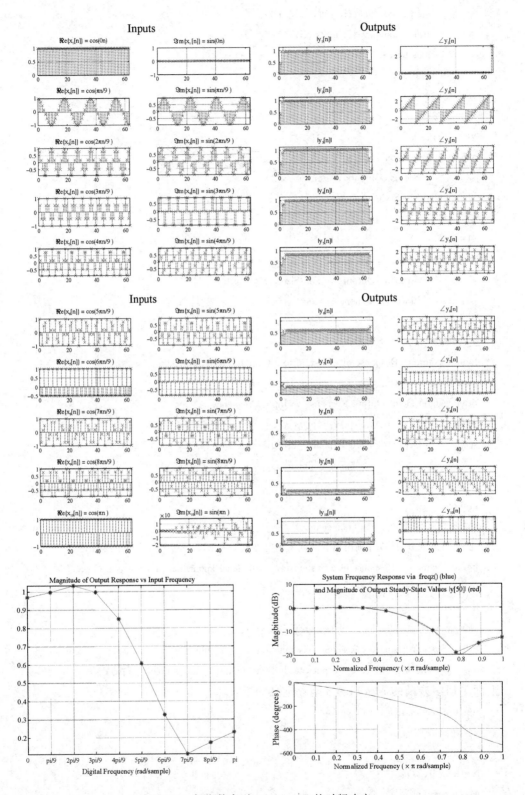

图 5.6　复指数序列 $x(n)=\mathrm{e}^{j\omega n}$ 的时频响应

```
x1=[x zeros(1, L−N)];
y1=[y zeros(1, L−M)];
X=fft(x1);
Y=fft(y1);
Z=X. * Y;
z1=ifft(Z);
z=z1(1, 1:N+M−1);
```

实验 6　线性时不变系统的性质

一、实验目的

1. 理解系统的线性、稳定性、因果性、时不变性的意义。
2. 使用实验的方法对系统是否具有线性、稳定性、因果性、时不变性做出判定。
3. 掌握系统与子系统的关系，并能够使用实验的方法对其进行验证。

二、实验原理

1. 线性时不变系统的特性

线性时不变系统可以由它的单位冲激/脉冲响应来表征，因而其特性（无记忆性、可逆性、因果性、稳定性）都应在其单位冲激/脉冲响应，即 $h(n)$ 或 $h(t)$ 中有所体现。

（1）无记忆性。

对于无记忆系统，$h(n)$ 或 $h(t)$ 应该满足：

$$h(n) = k\delta(n)$$

或

$$h(t) = k\delta(t)$$

（2）可逆性。

如果线性时不变系统 $h(n)$ 或 $h(t)$ 是可逆的，那么一定存在一个逆系统 $g(n)$ 或 $g(t)$，且逆系统也是线性时不变系统。它们级联起来构成一个恒等系统，即

$$h(n) \times g(n) = \delta(n)$$

或

$$h(t) \times g(t) = \delta(t)$$

（3）因果性。

系统的输出只取决于现在和过去，而与将来无关，这样的系统称为因果系统，其单位冲激/脉冲响应满足：当 $n < 0$ 时，$h(n) = 0$。

（4）稳定性。

对于一个稳定系统，若其输入有界，则输出也必有界，因此要求其单位冲激/脉冲响应满足：

$$\sum_{n=-\infty}^{\infty} |h(n)| < \infty$$

或

$$\int_{-\infty}^{\infty} \left| h(t) \right| < \infty$$

2. 线性时不变系统的互联

虽然现实中的系统是多样的，但是许多系统都可以分解为若干个简单系统的组合。可以通过对简单系统（子系统）进行分析并通过其互联来达到分析复杂系统的目的，也可以通过将若干个简单系统互联起来而实现一个相对复杂的系统。这一思想对系统分析和系统综合都有重要的意义。下面以离散线性时不变系统为例，说明系统互联的几种情况：

（1）级联系统。

若系统由两个子系统级联而成，如图 6.1 所示，那么单位冲激/脉冲响应满足：

$$h(n) = h_1(n) \times h_2(n)$$

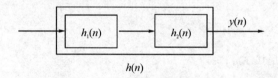

图 6.1　级联系统

（2）并联系统。

若系统由两个子系统并联而成，如图 6.2 所示，那么单位冲激/脉冲响应满足：

$$h(n) = h_1(n) + h_2(n)$$

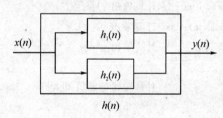

图 6.2　并联系统

（3）反馈系统。

若系统由两个子系统通过反馈互联而成，如图 6.3 所示，那么系统传递函数应该满足：

$$H(e^{j\omega}) = \frac{H_1(e^{j\omega})}{1 + H_1(e^{j\omega}) H_2(e^{j\omega})}$$

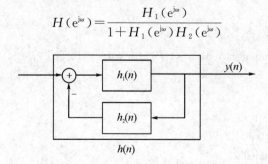

图 6.3　反馈系统

三、程序示例

【示例 6-1】　通过 MATLAB 编程判定系统

$$H(\mathrm{e}^{j\omega}) = \frac{2.2403 + 2.4908\mathrm{e}^{-j\omega} + 2.2403\mathrm{e}^{-2j\omega}}{1 - 0.4\mathrm{e}^{-j\omega} + 0.75\mathrm{e}^{-2j\omega}}$$

是否是线性的。

考虑两个输入信号 $x_1 = \cos(2\pi f_1 n)$ 和 $x_2 = \cos(2\pi f_2 n)$，其中 $f_1 = 0.1$ 和 $f_2 = 0.4$。权重为 $a = 2$ 和 $b = -3$。

MATLAB 程序如下：

```
n=0:40;
a=2;
b=-3;
x1=cos(2 * pi * 0.1 * n);
x2=cos(2 * pi * 0.4 * n);
x=a * x1+b * x2;
num=[2.2403 2.4908 2.2403];
den=[1 -0.4 0.75];
ic=[0 0];                    % 初始化
y1=filter(num, den, x1, ic);  % 计算输出 y1[n]
y2=filter(num, den, x2, ic);  % 计算输出 y2[n]
y=filter(num, den, x, ic);    % 计算输出 y[n]
yt=a * y1+b * y2;
d=y-yt;                      % 计算输出的差值 d[n]
subplot(3, 1, 1)
stem(n, y);
ylabel('Amplitude');
title('Output Due to Weighted Input：a \cdot x_{1}[n]+b \cdot x_{2}[n]');
subplot(3, 1, 2)
stem(n, yt);
ylabel('Amplitude');
title('Weighted Output：a \cdot y_{1}[n]+b \cdot y_{2}[n]');
subplot(3, 1, 3)
stem(n, d);
xlabel('Time index n');
ylabel('Amplitude');
title('Difference Signal');
```

程序运行结果如图 6.4 所示，并显示该系统是线性的。

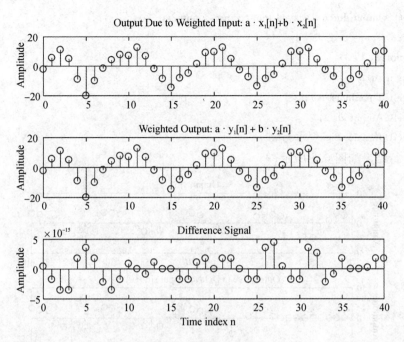

图 6.4　系统线性判定

【**示例 6 - 2**】　通过 MATLAB 编程判定系统

$$H(e^{j\omega}) = \frac{2.2403 + 2.4908e^{-j\omega} + 2.2403e^{-2j\omega}}{1 - 0.4e^{-j\omega} + 0.75e^{-2j\omega}}$$

是否是时不变的。

考虑两个输入信号 $x_1 = \cos(2\pi f_1 n)$ 和 $x_2 = \cos(2\pi f_2 n)$，其中 $f_1 = 0.1$ 和 $f_2 = 0.4$。权重为 $a = 3$ 和 $b = -2$。

MATLAB 程序如下：

```
n=0:40; D=10; a=3.0; b=-2;
x=a*cos(2*pi*0.1*n)+b*cos(2*pi*0.4*n);
xd=[zeros(1, D) x];
num=[2.2403 2.4908 2.2403]; den=[1 -0.4 0.75];
ic=[0 0];                    % 初始化
y=filter(num, den, x, ic);   % 计算输出 y[n]
yd=filter(num, den, xd, ic); % 计算输出 yd[n]
d=y-yd(1+D:41+D);            % 计算输出的差值 d[n]
subplot(3, 1, 1)
stem(n, y);
ylabel('Amplitude');
title('Output y[n]');
grid;
subplot(3, 1, 2)
stem(n, yd(1:41));
ylabel('Amplitude');
```

```
title(['Output due to Delayed Input x[n−', num2str(D), ']']);
grid;
subplot(3, 1, 3)
stem(n, d);
xlabel('Time index n');
ylabel('Amplitude');
title('Difference Signal'); grid;
```

程序运行结果如图 6.5 所示。

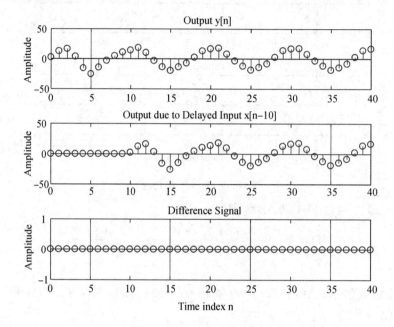

图 6.5　系统时不变性的判定

从图 6.5 中可以看到 $y(n-10)=yd(n)$，因此该系统是时不变的。

【**示例 6-3**】　对于由差分方程 $y(n)=nx(n)+x(n-1)$ 表示的时间离散系统，试通过 MATLAB 编程判定其是否是时不变的。

MATLAB 程序如下：

```
n=0:40; D=10; a=3.0; b=−2;
x=a * cos(2 * pi * 0.1 * n)+b * cos(2 * pi * 0.4 * n);
xd=[zeros(1, D) x];
nd=0:length(xd)−1;
y=(n . * x)+[0 x(1:40)];                    % 计算输出 y[n]
yd=(nd . * xd)+[0 xd(1:length(xd)−1)];      % 计算输出 yd[n]
d=y−yd(1+D:41+D);                           % 计算输出的差值 d[n]
% 给出图形
subplot(3, 1, 1)
stem(n, y);
ylabel('Amplitude');
```

```
title('Output y[n]'); grid;
subplot(3, 1, 2)
stem(n, yd(1:41));
ylabel('Amplitude');
title(['Output due to Delayed Input x[n-', num2str(D), ']']); grid;
subplot(3, 1, 3)
stem(n, d);
xlabel('Time index n');
ylabel('Amplitude');
title('Difference Signal'); grid;
```

程序运行结果如图 6.6 所示。

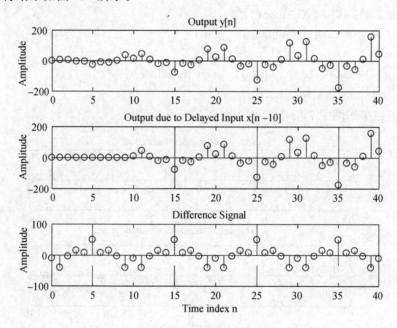

图 6.6　系统时不变性的判定

从图 6.6 中可以看到 $y(n-10)\neq yd(n)$，因此该系统是时变的。

【示例 6-4】　通过 MATLAB 编程，判定以下三个系统

$$H(e^{j\omega})=\frac{0.06-0.19e^{-j\omega}+0.27e^{-2j\omega}-0.26e^{-3j\omega}+0.12e^{-4j\omega}}{1+1.6e^{-j\omega}+2.28e^{-2j\omega}+1.325e^{-3j\omega}+0.68e^{-4j\omega}}$$

$$H_1(e^{j\omega})=\frac{0.3-0.2e^{-j\omega}+0.4e^{-2j\omega}}{1+0.9e^{-j\omega}+0.8e^{-2j\omega}}$$

$$H_2(e^{j\omega})=\frac{0.2-0.5e^{-j\omega}+0.3e^{-2j\omega}}{1+0.7e^{-j\omega}+0.85e^{-2j\omega}}$$

是否是级联关系。

MATLAB 程序如下：

```
x=[1 zeros(1, 40)];          % 产生一个输入信号
n=0:40;
```

```
den=[1 1.6 2.28 1.325 0.68]；num=[0.06 −0.19 0.27 −0.26 0.12]；
y=filter(num, den, x)；
num1=[0.3 −0.2 0.4]；den1=[1 0.9 0.8]；
num2=[0.2 −0.5 0.3]；den2=[1 0.7 0.85]；
y1=filter(num1, den1, x)；
y2=filter(num2, den2, y1)；
d=y−y2；                          % 给出图形
subplot(3, 1, 1)；
stem(n, y)；ylabel('Amplitude')；
title('Output of 4th order Realization')；grid；
subplot(3, 1, 2)；
stem(n, y2)；ylabel('Amplitude')；
title('Output of Cascade Realization')；grid；
subplot(3, 1, 3)；
stem(n, d)；xlabel('Time index n')；ylabel('Amplitude')；
title('Difference Signal')；grid；
```

程序运行结果如图 6.7 所示。

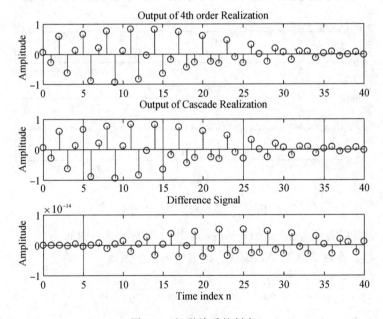

图 6.7　级联关系的判定

从图 6.7 中我们可以看出，系统 $H(e^{j\omega})$、系统 $H_1(e^{j\omega})$ 和系统 $H_2(e^{j\omega})$ 是级联关系。

【示例 6-5】　通过 MATLAB 编程，判定系统 $H(e^{j\omega})=\dfrac{1-0.8e^{-j\omega}}{1+1.5e^{-j\omega}+0.9e^{-2j\omega}}$ 是否是稳定的。

MATLAB 程序如下：

```
num=[1 −0.8]；den=[1 1.5 0.9]；
N=200；
```

```
h=impz(num, den, N+1);
parsum=0;
for k=1:N+1;
  parsum=parsum+abs(h(k));
  if abs(h(k)) < 10^(−6), break, end
end
n=0:N;
stem(n, h)
xlabel('Time index n'); ylabel('Amplitude');
disp('Value='); disp(abs(h(k)));
```

输出结果:

Value=

1.6761e−05

并且单位冲激响应如图 6.8 所示。

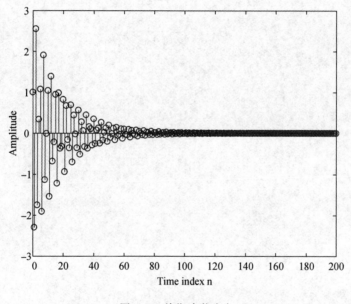

图 6.8 单位冲激响应

四、基本实验

1. 对于由差分方程 $y(n)=x(n)x(n-1)$ 表示的时间离散系统,试通过 MATLAB 编程判定其是否是线性的。

2. 对于由差分方程 $y(n)=0.1x(n)-0.1176x(n-1)+0.1x(n-2)+1.7119y(n-3)$ 表示的时间离散系统,试通过 MATLAB 编程判定其是否是时不变的。

3. 系统 1 和系统 2 分别由差分方程 $y(n)=ax(n)+bx(n-1)$ 和 $x(n)=ay(n)+by(n-1)$ 表示,试通过 MATLAB 编程判定这两个系统是否互为逆系统。

五、拓展实验

1. 对于由差分方程 $y(n)-y(n-1)+0.9y(n-2)=x(n)+x(n-1)$ 表示的时间离散系统，进行 MATLAB 编程：

(1) 画出系统的单位冲激响应 $h(n)$，其中 $n=-20,\cdots,100$；

(2) 画出系统的单位阶跃响应 $s(n)$，其中 $n=-20,\cdots,100$；

(3) 判定该系统是否稳定；

(4) 如果系统变为 $y(n)=5y(n-1)+x(n)$，$y(-1)=0$，其结果又如何？

2. 通过 MATLAB 编程，判定以下三个系统

$$H(e^{j\omega})=\frac{4e^{-j\omega}+e^{-2j\omega}}{1-e^{-j\omega}-2e^{-2j\omega}}$$

$$H_1(e^{j\omega})=\frac{3e^{-j\omega}}{1-2e^{-j\omega}}$$

$$H_2(e^{j\omega})=\frac{e^{-j\omega}}{1+e^{-j\omega}}$$

是否是并联关系。

实验 7   线性时不变系统的应用——回声消除

一、实验目的

1. 利用时不变系统时域分析的理论知识解决实际问题。
2. 掌握回声信号产生和消除的基本方法。

二、实验原理

1. 回波的产生和表示

当演奏音乐时，回声从音乐厅内的各个物体表面反射回来，"撞击"到耳朵，带给听众空间感。实际上，到达听众的声音是由几个部分组成的，直达声、反射和回响。前期反射对应于墙面或其他物体的最初几次反射，而混响是由密集的后期反射组成的。录音室中录制的音乐几乎无回声（使用靠近乐器放置的麦克风），在家中或车内播放时，听起来并不自然。这个问题的典型解决方案是在分发之前创建并添加一些人工混响到原始录音中，使用 FIR 滤波器生成的单个回波为

$$y(n) = x(n) + ax(n-D)   -1 < a < 1$$

其中，$x(n)$ 是原始信号，D 是时延，a 是由于传播和反射的衰减因子。如果延迟 $\tau = D/Fs$ 大于 40 ms，那么会听到回声。二阶回声可表示为 $a^2 x(n-2D)$，三阶回声可表示为 $a^3 x(n-3D)$，等等。因此，一个具有多重回波的信号可以由 FIR 滤波器表示为

$$y(n) = x(n) + ax(n-D) + a^2 x(n-2D) + a^3 x(n-3D) + \cdots$$

其单位冲激/脉冲响应为

$$h(n) = c(n) + a\delta(n-D) + a^2 \delta(n-2D) + a^3 \delta(n-3D) + \cdots$$

该滤波器产生一个幅度指数衰减和周期相隔 D 的无限回波序列。有效实现回波产生的方式可以采用递归表示为

$$y(n) = ay(n-D) + x(n)   -1 < a < 1$$

其中，条件 $-1 < a < 1$ 确保系统稳定。这种简单的滤波器是提供构建更复杂的数字混响器的基本模块。

2. 回波抵消

虽然有些回波是人们所需要的，但是在有些情况下，大多数的回声会造成负面影响，比如在有线或者无线通信时重复听到自己讲话的声音。因此消除回声的负面影响对通信系统是十分必要的。如图 7.1 所示，发言者的语音 $x(t)$ 通过麦克风到达扬声器，扬声器发出

的声音经过反射形成回声 $y(t)$ 进入麦克风。因此，进入麦克风的信号既包含发言者的语音 $x(t)$，又包含前一段语音的回声 $y(t)$，同理，扬声器输出的信号既包含发言者的语音，又包含其回声。

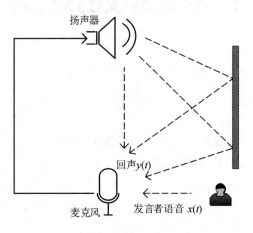

图 7.1　回声产生原理

　　回声消除原理可以通过图 7.2 来描述。为了消除回声，我们可以模拟回声的产生系统求出该系统的逆系统。这样将含有回声的信号去激励该逆系统，得到逆系统的响应便还原为不含回声的原始语音信号。

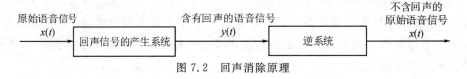

图 7.2　回声消除原理

三、程序示例

　　在该实验中，我们需要用到一些关于语音信号处理方面的 MATLAB 命令，如 soundsc、audioread(filename)、audiowrite 等，下面给出了相关的程序示例。

　　【示例 7-1】　加载示例文件 gong. mat，其中包含样本数据 y 和采样率 Fs，然后收听音频。

```
load gong. mat;

soundsc(y);
```

这里，命令 soundsc(y) 用于缩放音频信号 y 的值，以使其位于 $-1.0 \sim 1.0$ 范围内，然后以默认采样率 Fs＝8192 Hz 将数据发送到扬声器。通过先缩放数据，sounds(y)尽可能提高音频的音量，而不用裁剪。动态数据范围均值设置为 0。

　　【示例 7-2】　以录制的采样率的两倍播放 Handel 的片段"Hallelujah Chorus"。

```
load handel. mat;

soundsc(y, 2 * Fs);
```

这里，命令 soundsc(y, 2 * Fs) 表示以采样率 Fs 向扬声器发送音频数据 y。

　　【示例 7-3】　从示例文件 handel. mat 创建 WAVE 文件，并将此文件读回 MATLAB。

```
load handel. mat
```

```
filename='handel. wav';
audiowrite(filename, y, Fs);              % 在当前文件夹中创建 WAVE (.wav) 文件
clear y Fs
[y, Fs]=audioread('handel. wav');         % 使用 audioread 将数据读回 MATLAB
soundsc(y, Fs);                           % 播放音频
```

这里，命令 audiowrite(filename，y，Fs) 表示以采样率 Fs 将音频数据 y 写入名为 filename 的文件，filename 输入还指定了输出文件格式。输出数据类型取决于音频数据 y 的输出文件格式和数据类型。[y，Fs]＝audioread(filename) 的作用是从名为 filename 的文件中读取数据，并返回音频数据 y 以及该数据的采样率 Fs。

四、基本实验

本实验的基本内容是回声信号的模拟产生和消除。具体内容和需要解决的相关问题如下：

1. 导入一个语音信号。我们可以采用 MATLAB 命令＞＞ load mtlb，并输入命令 who 查看文件所包含的变量，可以看到这个文件包含发出'MATLAB'的语音信号 y 和采样频率 Fs＝7418 Hz。利用命令 soundsc(mtlb，Fs)试听一下该语音，且该语音不包含回声。为了后续说明方便，可定义 x＝mtlb。画出 x 的时域图（横坐标是连续时间 t 秒）。可以看到语音信号的长度为 4001，结合频率 Fs＝7418 Hz，计算出该段语音的持续时间是多少？

2. 模拟一个回声信号。根据回声产生原理，我们可以模拟回声信号的产生，考虑含有回声的信号 $y(n)$ 和原始语音信号 $x(n)$ 满足下列差分方程

$$y(n)=x(n)+\alpha x(n-N) \tag{7.1}$$

其中：N 的值与延时 t_0 有关，α 表示信号衰减。若此时延时 $t_0=0.12$ s，那么 N 取多少？

3. 令 $t_0=0.12$ s 且 $\alpha=0.8$，通过系统 $y(n)=x(n)+\alpha x(n-N)$ 产生一段语音，试听一下该段语音与前面的语音有什么区别，是否包含回声。画出 y 的时域图（横坐标是连续时间 t 秒）。回声产生系统 $y(n)=x(n)+\alpha x(n-N)$ 是一个线性时不变系统，并且该系统具有可逆性，写出回声产生系统逆系统的差分方程和单位冲激响应？

4. 消除回声。为了消除回声，我们可以将含有回声的信号 $y(n)$ 去激励上述逆系统。也可以采用命令 g＝filter(b，a，y)，试听逆系统的输出信号，看看回声是否消除。画出 g 的时域图（横坐标是连续时间 t 秒）。请回答命令 g＝filter(b，a，y)中的 a 和 b 是什么？

五、拓展实验

1. 假如考虑回声产生系统为：

$$y(n)=x(n)+\alpha_1 x(n-N_1)+\alpha_2 x(n-N_2) \tag{7.2}$$

进一步讨论回声信号的产生和消除。

2. 在实际条件下，回声产生系统的逆系统参数 α 和 t_0 是未知的，讨论如何根据原始语音信号 $x(n)$ 和含有回音的语音信号 $y(n)$ 来估计参数 α 和 t_0。

实验 8　连续信号的采样与重构

一、实验目的

1. 熟悉信号的采样与重构过程,验证采样定理。
2. 通过实验观察欠采样时信号频谱的混叠现象。
3. 掌握采样前后信号频谱的变化,加深对采样定理的理解。
4. 掌握采样频率的确定方法。

二、实验原理

带限信号变化的快慢受到它的最高频率分量的限制,即它的离散时刻采样表现信号细节的能力是非常有限的。采样定理是指,如果信号带宽小于奈奎斯特频率(即采样频率的二分之一),那么此时这些离散的采样点能够完全表示原信号,高于或处于奈奎斯特频率的频率分量会导致混叠现象。大多数应用都要求避免混叠,混叠现象的严重程度与混叠频率分量的相对强度有关。

1. 连续信号的采样

采样定理指出,一个有限频宽的连续时间信号 $f(t)$,其最高频率为 ω_m,经过等间隔抽样后,只要采样频率 ω_s 不小于信号最高频率的两倍,即满足 $\omega_s \geqslant 2\omega_m$,就能从采样信号 $f_s(t)$ 中恢复出原信号,而 $2\omega_m$ 称为最低采样频率,又称奈奎斯特抽样率。采样定理的图形解释如图 8.1 所示。

当 $\omega_s < 2\omega_m$ 时,采样信号的频谱会发生混叠,在发生混叠后的频谱中我们无法用低通滤波器获得原信号频谱的全部内容。在实际使用中,仅包含有限频率的信号是极少的。因此,即使 $\omega_s = 2\omega_m$,恢复后的信号失真还是难免的。图 8.1 画出了当采样频率 $\omega_s > 2\omega_m$(不混叠时)及当采样频率 $\omega_s < 2\omega_m$(混叠时)两种情况下冲激抽样信号的频谱。

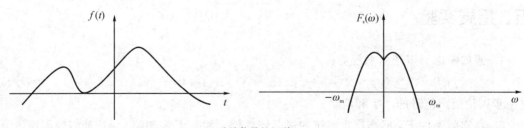

(a) 连续信号的频谱

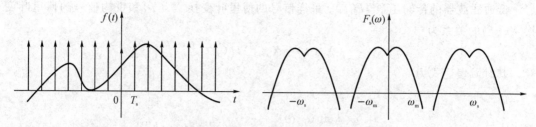

(b) 高抽样频率时的抽样信号及频谱(不混叠)

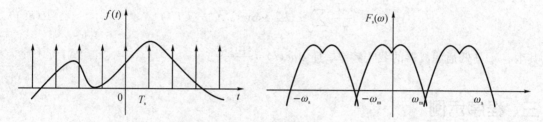

(c) 低抽样频率时的抽样信号及频谱(混叠)

图 8.1　采样过程中出现的三种情况

2. 连续信号的重构

在获得采样信号 $x_s(t)$ 后,将其通过低通滤波器来获得重构信号 $x_r(t)$。在满足采样定理,并且低通滤波器的截止频率满足一定的条件时,可以得到重构信号 $x_r(t)$ 等于原始信号 $x_s(t)$,如图 8.2 所示。

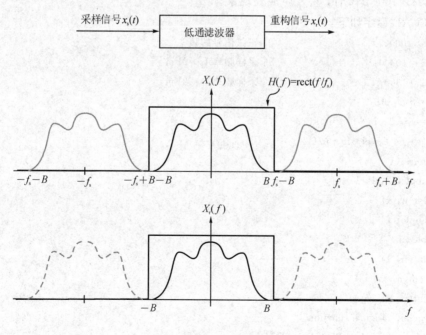

图 8.2　连续信号的重构

低通滤波器的传输函数 $H(f)$、采样信号的傅里叶变换 $X_s(f)$ 和重构信号的傅里叶变换 $X_r(f)$ 的关系为

$$X_r(f) = X_s(f)H(f)$$

其时域表达式为

$$x_r(t) = h(t) * x_s(t)$$

$$= \frac{\omega_c T \sin(\omega_c t)}{\pi \omega_c t} * \sum_{k=-\infty}^{\infty} x(kT)\delta(t - kT)$$

$$= \frac{\omega_c T}{\pi} \sum_{k=-\infty}^{\infty} x(kT)\,\text{sinc}(\omega_c(t - kT)) \tag{8.1}$$

其中：ω_c 是低通滤波器的截止频率，且 $\text{sinc}(t) = \dfrac{\sin(t)}{t}$。

三、程序示例

【示例 8-1】　考虑对模拟信号 $x(t) = 3\sin(2\pi f_0 t)$ 进行采样，其中 $f_0 = 1000\ \text{Hz}$，采样频率分别为 $f_s = 10\ 000\ \text{Hz}$ 和 $f_s = 1500\ \text{Hz}$，画图分析哪种情况发生了混叠现象。

采样后的离散时间信号可表示为

$$x(n) = 3\cos\left(\frac{2\pi n f_0}{f_s}\right)$$

显然，在采样频率为 $f_s = 10\ 000\ \text{Hz}$ 时，采样结果不发生混叠现象，而采样频率为 $f_s = 1500\ \text{Hz} < 2 \times 1000\ \text{Hz}$ 时，将发生混叠现象。

MATLAB 程序如下：

```
f0=1000;                % 正弦信号的频率
fs1=10000;              % 采样频率 fs>2Fm
fs2=1500;               % 采样频率 fs<2Fm
n=0:1:50;
x=cos(2 * pi * f0 * n/fs1);
x1=cos(2 * pi * f0 * n/fs2);
figure(1)
subplot(2,1,1)
plot(n, x)
subplot(2,1,2)
hold on
plot(n, x)
stem(n, x, 'r')
plot(n, x1, 'g')
legend('Original function',
        'Sampling With Fs>2Fm',
        'Sampling With Fs<2Fm')
```

程序运行结果如图 8.3 所示。

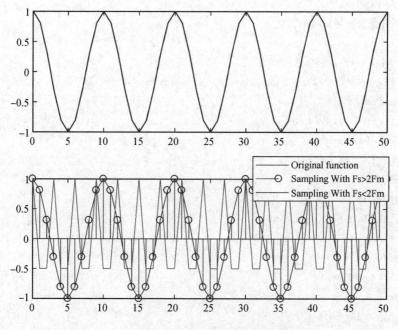

图 8.3　采样和混叠现象

【示例 8-2】　已知升余弦脉冲信号为 $f(t)=\dfrac{E+E\cos\left(\dfrac{\pi}{\tau}t\right)}{2}$，$|t|\leqslant\tau$，用 MATLAB 编

程完成该信号经冲激脉冲采样后得到的采样信号 $x_s(t)$ 及其频谱。

令参数 $E=1$，$\tau=\pi$，则 $f(t)=0.5+0.5\cos(t)$，$|t|\leqslant\pi$。采用抽样间隔 $T_s=1$ 时，
MATLAB 源程序：

```
s=1;dt=0.1;t1=-4:dt:4;
ft=((1+cos(t1))/2. * (heaviside(t1+pi)-heaviside(t1-pi)));
subplot(221)
plot(t1, ft), gridon
axis([-4 4 -0.1 1.1])
xlabel('Time(sec)'),
ylabel('f(t)');
title('升余弦脉冲信号')
N=50;
K=-N:N;
W=pi * K/(N * dt);
Fw=dt * ft * exp(-j * t1' * W);
subplot(222)
plot(W, abs(Fw)),
gridon
axis([-10 10 -0.2 1.1 * pi])
xlabel('\omega'),
```

```
ylabel('F(w)');
title('升余弦脉冲信号的频谱')
Ts=1;
t2=-4:Ts:4;
fst=((1+cos(t2))/2). * ( heaviside(t2+pi)-heaviside(t2-pi));
subplot(223)
plot(t1, ft, ':'), hold on
stem(t2, fst), gridon
axis([-4 4 -0.1 1.1])
xlabel('Time(sec)'),
ylabel('fs(t)');
title('采样后的信号');hold off
Fsw=Ts * fst * exp(-j * t2' * W);
subplot(224)
plot(W, abs(Fsw)),
gridon
axis([-10 10 -0.2 1.1 * pi])
xlabel('\omega'),
ylabel('Fs(w)');
title('采样后的信号的频谱')
```

程序运行结果如图 8.4 所示。

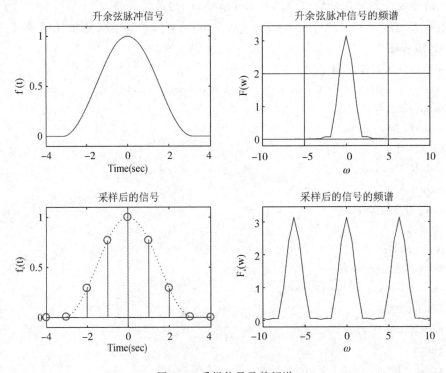

图 8.4　采样信号及其频谱

当增大 T_s 的取值（即低采样率），如取 $T_s=2$ 时，采样信号的频谱情况如图 8.5 所示。从图中可以看出，由于采样间隔大于奈奎斯特间隔，产生了较为严重的频谱混叠现象。

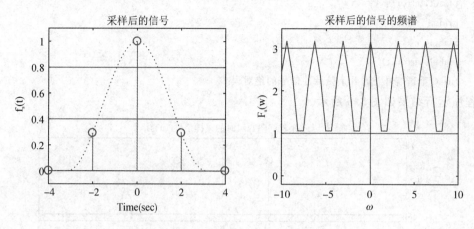

图 8.5　采样后的信号及其频谱

【示例 8-3】　对示例 8-2 中的升余弦脉冲信号，假设其截止频率 $\omega_m=2$，采样间隔 $T_s=1$，采用截止频率 $\omega_c=1.2\times\omega_m$ 的低通滤波器对采样信号滤波后重建信号 $f(t)$，并计算重建信号与原升余弦脉冲信号的绝对误差。

MATLAB 程序如下：

```
wm=2；wc=1.2*wm；
Ts=1；
n=-100:100;nTs=n*Ts；
fs=((1+cos(nTs))/2).*(heaviside(nTs+pi)-heaviside(nTs-pi))；
t=-4:0.1:4；
ft=fs*Ts*wc/pi*sinc((wc/pi)*(ones(length(nTs),1)*t-nTs'*ones(1,length(t))))；
                                                        %重构信号，见式(8.1)
t1=-4:0.1:4；
f1=((1+cos(t1))/2).*(heaviside(t1+pi)-heaviside(t1-pi))；
figure
subplot(311)
plot(t1,f1,':'),hold on
stem(nTs,fs),gridon
axis([-4 4 -0.1 1.1])
xlabel('nTs'),ylabel('f(nTs)')；
title('采样间隔 Ts=1 时的采样信号 f(nTs)')
holdoff
subplot(312)
plot(t,ft),gridon
axis([-4 4 -0.1 1.1])
xlabel('nTs'),ylabel('f(nTs)')；
title('由 f(nTs)信号重建得到升余弦脉冲信号')
```

```
error=abs(ft-f1);
subplot(313)
plot(t, error),
gridon
xlabel('t'),
ylabel('error(t)');
title('重建信号与原升余弦脉冲信号的绝对误差')
```

程序运行结果如图 8.6 所示。

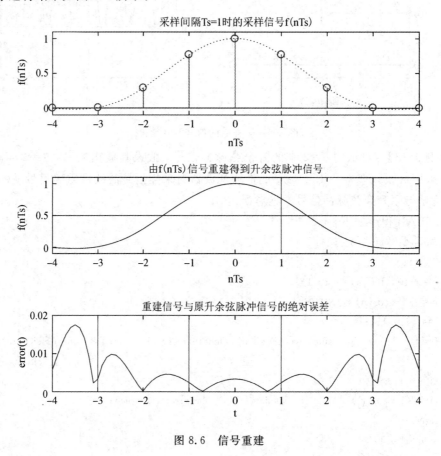

图 8.6　信号重建

四、基本实验

1. 设计一个模拟信号 $x(t)=3\sin(2\pi ft)$，采样频率 $f_s=5120$ Hz，对信号频率分别为 $f=150$ Hz（正常采样）和 $f=3000$ Hz（欠采样）的两种情况进行采样分析，指出哪种情况发生了混叠现象。

2. 已知一个连续时间余弦信号 $x(t)=\cos(2\pi ft)$，其中 $f=30$ Hz，应用采样频率 $f_s=60$ Hz 对该信号进行采样，得到采样信号 $x_s(t)$，通过 MATLAB 编程并根据公式（8.1）画出重构信号 $x_r(t)$，更改采样频率，然后画出重构信号 $x_r(t)$，分析这两种结果。

五、拓展实验

1. 通常情况下，一个人的语音带宽位于 $0\sim4.5$ kHz 之间。下面程序给出了按照一定的采样频率 f_s 对输入的语音信号进行采样和回放，试更改不同的采样频率，对输入的语音信号进行采样和回放，分析其有什么区别。

MATLAB 程序如下：

```
fs＝2000;
recObj＝audiorecorder(fs, 16, 1);
disp('Start speaking.')
recordblocking(recObj, 5);
disp('End of Recording.');
play(recObj);                     % 回放录音
myRecording＝getaudiodata(recObj);  % 将数据存储在双精度数组中
plot(myRecording)                 % 绘制波形
```

2. 下列 MATLAB 程序是对频率为 88.3 Hz 的正弦信号的采样，根据采样结果分析不同的采样频率对结果（如图 8.7 所示）的影响。

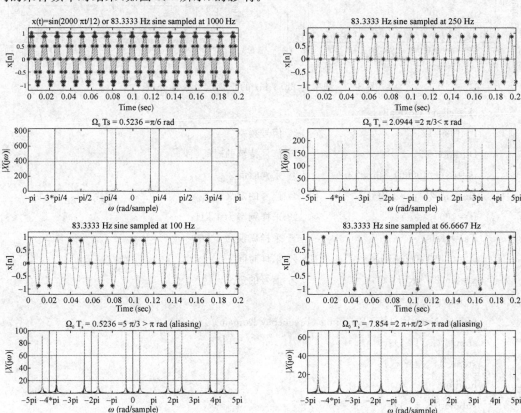

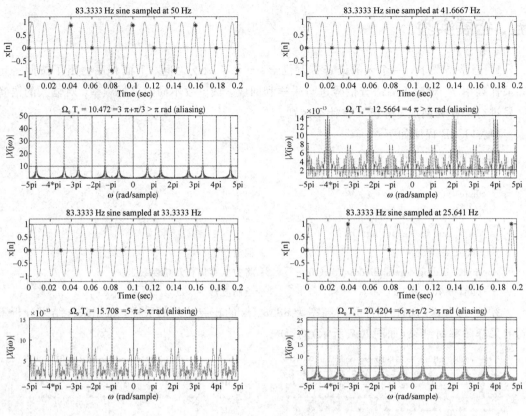

图 8.7　频率为 88.3 Hz 的正弦信号采样分析

```
clc; clear; close all;
f=1000/12;                        % 信号频率
Duration=2;                       % 信号持续的时间(秒)
ta=0:(1/10000):Duration;          % 采样时间
xa=sin(2 * pi * f * ta);          % 信号的定义
fs=1000;                          % 采样频率为 1 kHz
Ts1=1/fs;                         % 采样周期为 1 ms
t1=0:Ts1:Duration;                % 采样时间
x=sin(2 * pi * f * t1);           % 信号的定义
T_max=0.2;
figure('Name', 'Ideal Sampling (Frequency Domain)');
subplot(2, 1, 1);
stem(t1, x, 'r * ');
hold on
subplot(2, 1, 1)
plot(ta, xa);
title(['x(t)=sin(2000\pit/12) or ', num2str(f), ' Hz sine sampled at ', num2str(fs), ' Hz']);
xlabel('Time (sec)')
```

```matlab
ylabel('x[n]')
axis([0, T_max,-1.2, 1.2]);
grid on;
%% 计算 x[n]的 DTFT
n=0: length(x)-1;
[w,   X]=my_DTFT(x, n);
%% 画出 x[n]DTFT 的幅度
subplot(2, 1, 2);
plot(w, abs(X), 'r');
hold on;
line([-2 * pi * f * Ts1 -2 * pi * f * Ts1], [0 max(abs(X))]);
line([ 2 * pi * f * Ts1 2 * pi * f * Ts1], [0 max(abs(X))]);
title(['\Omega_0Ts=', num2str(2 * pi * f * Ts1), '=\pi/6 rad']);
set(gca, 'XTick',-pi:pi/4:pi);
set(gca, 'XTickLabel', {'-pi', '-3 * pi/4', '-pi/2', '-pi/4', '0', 'pi/4',
                    'pi/2', '3pi/4', 'pi' });
ylabel('|{\itX}(j\omega)|');
xlabel('\omega (rad/sample)');
xlim([-pi pi]);
axis tight;
grid on;
Ts =[4 10 15 20 24 30 39] * 1e-3;
wd=['2\pi/3 '; '5\pi/3 '; '2\pi+\pi/2'; '3\pi+\pi/3'; '4\pi'; '5\pi '; '6\pi+\pi/2';];
for i=1:7
    % 采样信号创建
    t1=0:Ts(i):Duration;          % 采样时间
    x=sin(2 * pi * f * t1);         % 信号定义
    figure('Name', ' Ideal Sampling (Frequency Domain)');
    subplot(2, 1, 1);
    stem(t1, x, 'r * ');           % 画出采样信号
    hold on
    subplot(2, 1, 1)
    plot(ta, xa);               % 画出模拟信号
    title([num2str(f), ' Hz sine sampled at ', num2str(1/Ts(i)), ' Hz']);
    xlabel('Time (sec)')
    ylabel('x[n]')
    axis([0, T_max,-1.2, 1.2]);
    grid on;
    % 计算 x[n]的 DTFT
    w=[-5 * pi 5 * pi];
```

```
    n=0：length(x)-1；
    [w1, X]=my_DTFT2(x, n, w)；
    % 画出 x[n]DTFT 的幅度
    subplot(2, 1, 2)；
    plot(w1, abs(X), 'r')；
    if 2 * pi * f * Ts(i) <=pi
        hold on；
        line([-2 * pi * f * Ts(i)　-2 * pi * f * Ts(i)], [0 max(abs(X))])；
        line([ 2 * pi * f * Ts(i)　2 * pi * f * Ts(i)], [0 max(abs(X))])；
        title(['\Omega_0T_s=', num2str(2 * pi * f * Ts(i)), '=', wd(i, :), '< \pi rad'])；
    else
        title(['\Omega_0T_s=', num2str(2 * pi * f * Ts(i)), '=', wd(i, :), ' > \pi rad
            (aliasing)'])；
    end
    ylabel('|{\itX}(j\omega)|')；
    xlabel('\omega (rad/sample)')；
    set(gca, 'XTick',-5 * pi:pi:5 * pi)；
    set(gca, 'XTickLabel', {'-5pi', '-4 * pi', '-3pi', '-2pi', '-pi', '0', 'pi', '2pi', '3pi',
        '4pi', '5pi' })；
    axis tight；
    grid on；
end
%% 显示奈奎斯特率
    disp(['The Nyquist rate for xa(t) is：fs=', num2str(2 * f), ' samples/sec'])；
```

上面的主程序中涉及两个函数 my_DTFT 和 my_DTFT2，它们分别定义如下：

```
function [w, X]=my_DTFT(x, n)
% 离散时间傅里叶变换(DTFT)，方法 I
x=x(:).'；
NSamples=1024；
w=-pi:pi/NSamples:pi； % length(w)=length(X)=2 * NSamples+1
X=zeros(1, 2 * NSamples+1)；
for k=1:2 * NSamples+1
    W=exp(-1i * w(k) * n)；
    X(k)=W * x.'；
end

function [w1, X]=my_DTFT2(x, n, w)
% 离散时间傅里叶变换(DTFT)，方法 II
x=x(:).'；
NSamples=1024；
w1=w(1):(w(end)-w(1))/(2 * NSamples):w(end)；
```

```
X=zeros(1, 2 * NSamples+1);
for k=1:2 * NSamples+1
    W=exp(-1i * w1(k) * n);
    X(k)=W * x. ';
end
```

实验 9　连续线性时不变系统的复频域分析
——拉普拉斯变换

一、实验目的

1. 了解连续线性时不变系统复频域分析的基本实现方法。
2. 掌握相关函数的调用格式及作用。
3. 掌握拉普拉斯变换的原理，及其与傅里叶变换的关系。

二、实验原理

1. 拉普拉斯变换

傅里叶变换有清楚的物理意义，但因受狄利克雷条件的限制，有些信号不满足绝对可积条件。对这类信号，无法应用傅里叶变换进行分析。拉普拉斯变换以傅里叶变换为基础，将频域 ω 推广到整个复数域 $s=\sigma+\mathrm{j}\omega$，成为分析连续线性时不变系统复频域的有效工具。拉普拉斯变换的定义为

$$F(s)=\mathrm{LT}\big[f(t)\big]=\int_{-\infty}^{+\infty}f(t)\mathrm{e}^{-st}\,\mathrm{d}t$$

运用 MATLAB 进行拉普拉斯变换的调用格式是

　　F＝laplace(f, t, s)

例如，运用 MATLAB 求单位斜变函数和 $f(t)=t\mathrm{e}^{-2t}\cos 3t\,\mathrm{u}(t)$ 的拉普拉斯变换。
MATLAB 程序如下：

```
syms t s
f1＝t；
Fs1＝laplace(f1)
Fs2＝laplace(t * exp(−2 * t) * cos(3 * t)
```

程序运行结果如下：

```
Fs1＝
        1/s ^ 2
Fs2＝
        ((2 * s+4) * (s+2))/((s+2) ^ 2+9) ^ 2−1/((s+2) ^ 2+9)
```

2. 拉普拉斯反变换

复频域分析法中，拉普拉斯反变换可以采用部分分式展开法和直接的拉普拉斯反变换

法。所谓部分分式展开法，是将象函数分解为若干简单变换式之和，然后逐项进行反变换求取原函数的方法，这种方法适用于象函数是有理函数的情况。利用 MATLAB 进行这两种分析的基本原理如下：

1）部分分式展开法

对于有理函数 $F(s)$，有

$$F(s)=\frac{N(s)}{D(s)}=\frac{b_m s^m+b_{m-1}s^{m-1}+\cdots+b_1 s+b_0}{a_n s^n+a_{n-1}s^{n-1}+\cdots+a_1 s+a_0}$$

$$=\frac{\sum\limits_{j=0}^{m}b_j s^j}{\sum\limits_{i=0}^{n}a_i s^i}$$

其部分分式展开式可表示为

$$F(s)=\frac{k_1}{s-p_1}+\frac{k_2}{s-p_2}+\cdots+\frac{k_n}{s-p_n}$$

式中，参数 k_1，k_2，$\cdots$，k_n 为待定系数，p_1，p_2，$\cdots$，p_n 为极点，它们可以应用 MATLAB 的 residue()函数得到，并将数据结果以分数形式输出。最后根据下列关系式

$$f(t)=\mathrm{e}^{at}\mathrm{u}(t)\overset{\text{Laplace}}{\longleftrightarrow}F(s)=\frac{1}{s-a}$$

得到反变换 $f(t)$。例如，试确定函数 $F(s)=\dfrac{5s-1}{s^3-3s-2}$ 部分分式展开式中的待定系数与极点，我们可以采用下面的编程得到：

```
num=[5-1];   den=[1 0-3-2];   [k, p]=residue(num, den)
```

运行结果如下：

```
k=              p=
1.0000          2.0000
-1.0000         -1.0000
2.0000          -1.0000
```

即

$$F(s)=\frac{1}{s-2}-\frac{-1}{s-1}+\frac{2}{(s+2)^2}$$

2）直接的拉普拉斯反变换法

经典的拉普拉斯变换分析法是先从时域变换到复频域，在复频域经过处理后，再利用拉普拉斯反变换从复频域变换到时域，完成对时域问题的求解。涉及的函数有 laplace()函数和 ilaplace()函数。例如，对

$$F(s)=\frac{3s+2}{s^2+3s+2}$$

进行拉普拉斯反变换，可以编程如下：

```
syms s t; Fs=(3*s+2)/(s^2+3*s+2);ft=ilaplace(Fs)
```

运行结果得其原函数为 ft=4/exp(2*t)-1/exp(t)。

三、程序示例

【示例 9 - 1】 求解系统

$$H(s) = \frac{s^2 - 1}{s^3 + 2s^2 + 3s + 2}$$

的零极点，验证下面程序的运行结果，根据系统零极点图分析系统性质。

MATLAB 程序如下：

```
num=[1, 0,−1]；  den=[1, 2, 3, 2]；
[zr, pr]=residue(num, den)；
plot(real(zr), imag(zr), ′go′, real(pr), imag(pr), ′mx′, ′markersize′, 12, ′linewidth′, 2)；
grid；
legend(′零点′, ′极点′)；
```

程序运行结果如图 9.1 所示。

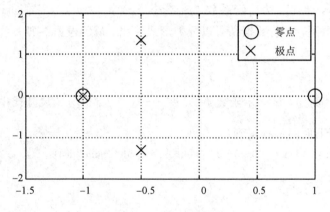

图 9.1 系统零极点图

试根据零极点图分析该系统的因果性和稳定性。

【示例 9 - 2】 分析系统函数 $H(s) = \dfrac{5}{5s^2 + s + 5}$ 的冲激响应与阶跃响应。

MATLAB 程序如下：

```
num1=5；den1=[5 1 5]；
subplot(2, 1, 1)；hold on
impulse(num1, den1)；
axis([0 30 −1 1.5])；
subplot(2, 1, 2)；
hold on
step(num1, den1)；
axis([0 30 0 2])；
hold off
```

程序运行结果如图 9.2 所示。

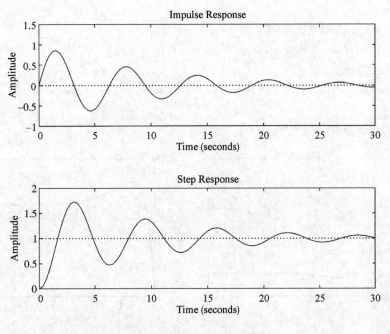

图 9.2　冲激响应与阶跃响应

【示例 9 - 3】　试用 MATLAB 编程作图分析系统 $H(s) = \dfrac{s+1}{5s^2+5s+6}$。

(1) 分别画出系统的冲激响应与阶跃响应图；

(2) 当输入分别为 $f_1(t) = \sin(2t)\mathrm{u}(t)$ 和 $f_2(t) = \mathrm{e}^{-t}\mathrm{u}(t)$ 时，画出系统对应的零状态响应图。

MATLAB 程序如下：

```
num＝[1 1]; den＝[1 5 6];
% 第一部分：脉冲响应
t＝0:0.01:5; h＝impulse(num, den, t);
figure (1)
subplot(221)
plot(t, h); grid; xlabel('Time [s]'); ylabel('Impulse response')
print－deps figure4_1. eps
% 第二部分：阶跃响应
ystep＝step(num, den, t);
subplot(222)
plot(t, ystep); grid; xlabel('Time [s]'); ylabel('Step response')
print－deps figure4_2. eps
% 第三部分：正弦零状态响应
time＝0:0.01:10; f＝sin(2 * time); yzs＝lsim(num, den, f, time);
subplot(223)
plot(time, yzs); xlabel('Time [s]'); ylabel('Sinusoidal zero-state response');
```

grid；

% 第四部分：指数零状态响应

f＝exp(－t)；yzs＝lsim(num，den，f，t)；

subplot(224)

plot(t，yzs)；xlabel('Time [s]')；ylabel('Exponential zero-state response')；

　grid；

程序运行结果如图 9.3 所示。

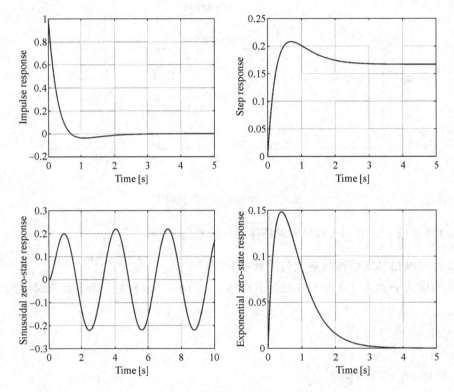

图 9.3　冲激响应、阶跃响应和零状态响应

四、基本实验

1. 通过 MATLAB 编程求出 $F_1(s)$ 和 $F_2(s)$ 的拉普拉斯反变换，其中：

$$F_1(s) = \frac{3s^2 + 2s + 5}{s^3 + 12s^2 + 44s + 48}$$

$$F_2(s) = \frac{s + 3}{s^3 + 5s^2 + 12s + 8}$$

2. 已知一个 LTI 系统的系统函数 $H(s) = \dfrac{s^2 + 2s + 16}{s^3 + 4s^2 + 8s}$，试绘出其冲激响应、阶跃响应以及激励分别为 $f_1(t) = e^{-t}u(t)$ 和 $f_2(t) = 6\cos(t)u(t)$ 时的零状态系统响应图。

五、拓展实验

1. 试用 MATLAB 编程作图分析以下两个系统

$$H_1(s) = \frac{5}{5(s+1)^2 + (s+1) + 5}$$

$$F_2(s) = \frac{5}{5(s/2)^2 + (s/2) + 5}$$

的冲激响应与阶跃响应，与示例 9-2 的结果进行比较，并分析利用拉普拉斯变换的哪个性质可以解释结果的不同。

2. 考虑一个 LTI 系统：

$$y''(t) + 5y'(t) + 4y(t) = f(t)$$

其输入信号由图 9.4 给出，画出该系统对应的零状态系统响应图。

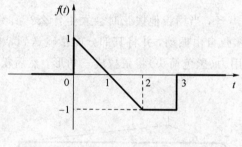

图 9.4　输入信号 $f(t)$

实验 10　弦音信号合成与系统建模

一、实验目的

　　1. 利用所学的信号与系统理论知识，实现对实际信号和系统的建模与分析。
　　2. 通过实验知道如何人工合成吉他等乐器产生的拨弦声音（信号）。

二、实验原理

　　乐器能够产生美妙的声音，当用吉他拨弦时会发生什么？演奏者用拨片或手指将琴弦拉到一侧，然后松开，让琴弦自由振动，并将其部分能量输送到琴体的共鸣箱中，箱体里面的空气也跟着振动起来，用力（黑色箭头）将弦拉成三角形，然后松开以自由振动产生声音，如图 10.1 所示。

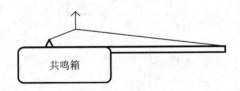

共鸣箱

图 10.1　拨弦示意图

　　根据吉他等乐器的发声原理，我们也可以借助电信号人工合成或模拟乐器的声音。在这个实验中，我们研究如何建立一个发音系统，用它来人工合成类似拨弦的声音。图 10.2 是由低通滤波器、延时器和增益单元构成的一个反馈系统，该系统也称为 Karplus-Strong 系统，是由 K. Karplus 和 A. Strong 两位学者提出的。

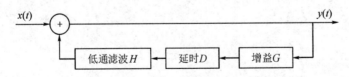

图 10.2　Karplus-Strong 系统

　　对于 Karplus-Strong 系统中的每个单元，我们考虑以下情况：

　　(1) 采用最简单的低通滤波器，其传递函数为 $H(e^{j\omega})=0.5+0.5e^{-j\omega}$；

　　(2) 延时单元采用 $D(e^{j\omega})=e^{-j\omega N}$；

　　(3) 增益单元为 $G(e^{j\omega})=K$。为了保证系统稳定，要求 $K<1$。

　　在上述情况下，回答以下问题：

　　(1) Karplus-Strong 系统的传递函数是什么？并画出零极点图；

（2）写出 Karplus-Strong 系统输入和输出的微分/差分方程；

（3）采用 MATLAB 命令 y＝filter(b，a，x)时，a 和 b 是什么？

三、程序示例

【示例 10-1】　以下程序实现了使用 Karplus-Strong 系统和离散时间滤波器生成吉他和弦的功能。

```
Fs＝44100;                              % 采样频率
A＝110;                                 % 吉他的 A 弦通常调到 110 Hz
F＝linspace(1/Fs, 1000, 2^12);          % 生成用于分析的频率向量
x＝zeros(Fs*4, 1);                      % 生成 4 s 的零数据,用于生成吉他音符
delay＝round(Fs/A);                     % 根据一次谐波频率确定反馈延迟
b＝firls(42, [0 1/delay 2/delay 1], [0 0 1 1]);
a＝[1 zeros(1, delay) −0.5 −0.5];       %生成一个 IIR 滤波器
[H, W]＝freqz(b, a, F, Fs);
plot(W, 20*log10(abs(H)));             %显示滤波器的幅度响应,结果见图 10.3
title('Harmonics of an open A string');
xlabel('Frequency (Hz)');
ylabel('Magnitude (dB)');
zi＝rand(max(length(b), length(a))−1, 1);
note＝filter(b, a, x, zi);              %为了生成一个 4 s 的合成音符,首先创建一
                                       %个带有随机数的状态向量,然后使用这些初
                                       %始状态过滤零。这迫使随机状态退出形成谐
                                       %波的滤波器
note＝note−mean(note);
note＝note/max(abs(note));             %归一化音频播放器的声音
hplayer＝audioplayer(note, Fs); play(hplayer)
```

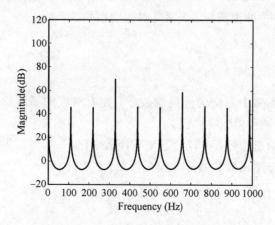

图 10.3　滤波器的幅度响应

四、基本实验

1. 为了人工合成吉他弦音，考虑 Karplus-Strong 系统的输入 $x(t)$ 是 N 点随机信号，可采用命令 x=[randn(1, N) zeros(1, L)]，然后通过命令 y=filter(b, a, x) 得到系统输出 $y(t)$，即为人工合成吉他弦音信号。为了能够听到该弦音，我们可以采用命令

soundsc(y, fs)

其中 f_s 是采样频率，可以选取 $f_s=8000$ Hz。请回答：

(1) 在 $f_s=8000$ Hz、$N=100$ 和 $K=0.98$ 时，若产生持续时间为 1 s 的弦音信号，则 L 等于多少？

(2) 画出输出信号的时域图，通过局部放大，是否可以观察到弦音信号的周期性？

2. 画出 Karplus-Strong 系统频域响应图，可采用命令 freqz，例如：

[H, w]=freqz(b, a, 2^16)

plot(w/pi * Fs/2, abs(H))

从系统频域响应图上，是否可得到弦音信号具有近似周期性的结论？注意：周期信号的频谱是线谱。

3. 使用不同的增益值 K，画出输出弦音信号的时域和频域响应图，并且回放该弦音信号。回答不同的增益值 K 对弦音信号的时域和频域响应有什么影响？

4. 使用不同的 N 值，画出输出的弦音信号的时域和频域响应图，并且回放该弦音信号。回答不同的 N 值对弦音信号的时域和频域响应有什么影响？注意：系统产生的弦音信号的基波频率 f_0 与采样频率 f_s、延时单元长度 N，以及低通滤波器的延时有关，具体可表示为

$$f_0=\frac{f_s}{N+d}$$

其中 d 为低通滤波器导致的延时。对于采用的低通滤波器 $H(e^{j\omega})=0.5+0.5e^{-j\omega}$，可以设置 $d=5$。

5. 考虑在系统的输入端引入一个冲激噪声，即输入信号采用 $x=[1 \ zeros(1, L)]$，此时的系统输出恰好是单位冲激响应，观察此时弦音信号的音质。

五、拓展实验

1. 去掉上述基本实验中系统的低通滤波器，此时对应的系统称为梳状滤波器(Comb Filter)，画出系统的时域和频域响应图。

2. 回放该系统的输出信号，声音听起来有什么变化。

3. 梳状滤波器的传递函数和差分方程是什么？

实验 11　信号的 Z 变换

一、实验目的

1. 了解如何依据 Z 变换来判断系统的因果性、稳定性和收敛性。
2. 了解如何使用 Z 变换求解系统输出响应。
3. 了解 Z 变化在系统设计过程中的应用。
4. 了解 Z 变换在频率响应分析中的应用。

二、实验原理

1. Z 变换

拉普拉斯变换可以看成是连续时间傅里叶变换的推广,同理,Z 变换也可以看成是离散时间傅里叶变换(DTFT)的推广。Z 变换在离散时间系统的分析和设计中起着重要的作用,提供了一个研究信号与系统的新领域。

双边 Z 变换定义如下:

$$X(z) = \sum_{n=-\infty}^{\infty} x(n) z^{-n}$$

从此定义可以看出 Z 变换的两个性质,即线性和时移特性,其中时移特性可表示为

$$x(n) \overset{z\text{变换}}{\Longrightarrow} X(z) \Longrightarrow x(n-k) \overset{z\text{变换}}{\Longrightarrow} z^{-k} X(z)$$

Z 变换还有其他性质,比如时域卷积定理,该定理使 Z 变换成为一个重要的分析工具,它可表示为

$$x(n) * y(n) \overset{Z\text{变换}}{\Longrightarrow} X(z)Y(z)$$

在 MATLAB 语言中有专门对信号进行正反 Z 变换的函数 ztrans( ) 与 itrans( )。其调用格式分别如下:

```
F=ztrans( f )        %对 f(n)进行 Z 变换,其结果为 F(z)
F=ztrans(f, v)       %对 f(n)进行 Z 变换,其结果为 F(v)
F=ztrans(f, u, v)    %对 f(u)进行 Z 变换,其结果为 F(v)
f=itrans ( F )       %对 F(z)进行 Z 反变换,其结果为 f(n)
f=itrans(F, u)       %对 F(z)进行 Z 反变换,其结果为 f(u)
f=itrans(F, v, u)    %对 F(v)进行 Z 反变换,其结果为 f(u)
```

注意:在调用函数 ztrans( )及 itrans( )之前,要用 syms 命令对所有需要用到的变量(如 t, u, v, w)进行变换。

2. Z 变换与离散时间傅里叶变换的关系

Z 变换可以用离散时间傅里叶变换来解释。为此，将 z 用极坐标形式表示为

$$z = r\mathrm{e}^{\mathrm{j}\omega}$$

此时 Z 变换为

$$X(r\mathrm{e}^{\mathrm{j}\omega}) = \sum_{n=-\infty}^{\infty} x(n)(r\mathrm{e}^{\mathrm{j}\omega})^{-n} = \sum_{n=-\infty}^{\infty} x(n)r^{-n}\mathrm{e}^{-\mathrm{j}\omega n}$$

如果式中 $r=1$，即 $|z|=1$，则 Z 变换等价为序列 $x(n)$ 的离散时间傅里叶变换。系统的频率响应相当于序列在单位圆上的 Z 变换，即

$$z = \mathrm{e}^{\mathrm{j}\omega}$$

$$H(\mathrm{e}^{\mathrm{j}\omega}) = H(z)\big|_{z=\mathrm{e}^{\mathrm{j}\omega}}$$

使用此方法绘制相应频率响应的零点和极点图。系统函数可以表示为

$$H(z) = \frac{C(z-b_1)(z-b_2)\cdots(z-b_M)}{(z-a_1)(z-a_2)\cdots(z-a_N)}$$

此时，幅度响应可以表示为

$$|H(z)| = \frac{|C||(\mathrm{e}^{\mathrm{j}\omega}-b_1)||(\mathrm{e}^{\mathrm{j}\omega}-b_2)|\cdots|(\mathrm{e}^{\mathrm{j}\omega}-b_M)|}{|(\mathrm{e}^{\mathrm{j}\omega}-a_1)||(\mathrm{e}^{\mathrm{j}\omega}-a_2)|\cdots|(\mathrm{e}^{\mathrm{j}\omega}-a_N)|}$$

从以上分析可以看出零点、极点对系统的频率响应的影响，零点靠近单位圆时出现谷点，零点越靠近单位圆，频率响应就越小，如果零点在单位圆上，则此时幅值为 0；相似的，极点越靠近单位圆，频率响应出现的峰值就越尖锐，如果零点在单位圆上，则幅值为无穷大，此时系统不稳定。频率响应峰谷的锐度取决于极点、零点与单位圆的距离，远离单位圆的极点和零点不会显著影响频率响应。利用这种直观的几何方法，适当的控制极点、零点的分布，就能改变数字滤波器的频率响应特性，生成一个预期的系统函数 $H(z)$。

三、程序示例

【示例 11 - 1】　分别计算(a) $u(n)$，(b) $nu(n)$，(c) $\mathrm{e}^{-anT}u(n)$，(d) $\cos\beta nu(n)$ 的 Z 变换。

MATLAB 程序如下：

(a) a=sym('1');

　　y=ztrans(a)

输出结果：

　　y=z/(z-1)

(b) syms n

　　y=ztrans(n)

输出结果：

　　y=z/(z-1)^2

(c) syms n a T

　　y=ztrans(exp(-a*n*T))

输出结果：

　　y＝z/exp(－a＊T)/(z/exp(－a＊T)－1)

(d) syms n b

　　y＝ztrans(cos(b＊n)

输出结果：

　　y＝(z－cos(b))＊z/(z^2－2＊z＊cos(b)＋1)

【示例 11－2】　计算下列系统 z 的逆变换

(a) $\dfrac{z}{z-a}$　　　(b) $\dfrac{z(2z-1)}{(z-1)(z+0.5)}$

MATLAB 程序如下：

(a) syms z

　　y＝iztrans(z＊(2＊z－1)/((z－1).＊(z＋.5)))

输出结果：

　　y＝4/3＊(－1/2)^n＋2/3

(b) syms z a

　　y＝iztrans(z/(z－a))

输出结果：

　　y＝a^n

【示例 11－3】　对于一个离散线性时不变系统

$$H(z)=\frac{z+0.320}{z^2+z+0.16}$$

若系统的输入信号 $x(n)=(-2)^{-n}u(n)$，求系统的零状态响应。

MATLAB 程序如下：

```
syms n z
x＝(－2).^－n;
x＝simplify(ztrans(x))
h＝(z＋.32)/(z^2＋z＋.16)
y＝x.＊h
yn＝iztrans(y)
```

输出结果如下：

```
x＝
    z/(z＋1/2)
h＝
    (z＋8/25)/(z^2＋z＋4/25)
y＝
    (z＊(z＋8/25))/((z＋1/2)＊(z^2＋z＋4/25))
yn＝
    2＊(－1/2)^n＋(2＊(－1/5)^n)/3－(8＊(－4/5)^n)/3
```

【示例 11－4】　已知系统 $H(z)$ 的零点和极点分别为 $z=[-1;i;-i]$ 和 $p=[0.5;0.45+0.5i;0.45-0.5i]$，计算 $H(z)$ 分子和分母关于 z 多项式的系数，并给出系统的幅频响应和相频响应。

MATLAB 程序如下：

```
p=[0.5;0.45+0.5i;0.45-0.5i];
z=[-1;i;-i]; zplane(z, p)
pause
k=1;
[num, den]=zp2tf(z, p, k);
[H, w]=freqz(num, den);
subplot(2, 1, 1)
plot(w/pi, abs(H)); title('\midH(e^ j^ \omega) \mid');
subplot(2, 1, 2);
plot(w/pi, angle(H)); title('arg(H(e^ j^ \omega))')
```

输出结果如下：

num=

　　　1　　　1　　　1　　　1

den=

　　　1.0000　　-1.4000　　　0.9025　　-0.2263

程序运行结果如图 11.1 所示。

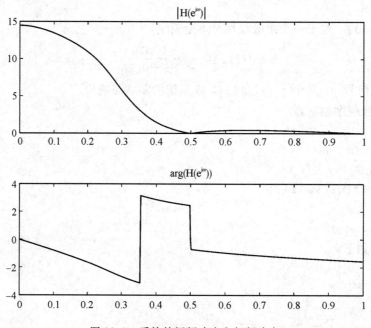

图 11.1　系统的幅频响应和相频响应

【示例 11 - 5】　计算并画出频率响应函数

$$H(z)=\frac{1-1.6\cos(0.3\pi)z^{-1}+0.64z^{-2}}{1-1.8\cos(0.3\pi)z^{-1}+0.81z^{-2}}$$

零极点图，以及在区间 $0\leqslant\omega\leqslant\pi$ 的频率响应。

我们采用了动画显示频率变化与频率响应的关系，MATLAB 程序如下：

```
zz=[0.8*exp(j*pi*0.3) 0.8*exp(j*pi*-0.3)].';
```

```
pp=[0.9 * exp(j * pi * 0.3) 0.9 * exp(j * pi * −0.3)].';
ymax=2; bb=poly(zz); aa=poly(pp);
% 围绕单位圆上半部分的步数
ww=[0:200]/200 * pi;


% 布置显示器
subplot(121);
zplane(pp, zz);


% 幅度图的固定轴
subplot(222)
fax=[0 1 0 ymax];
axis(fax)
grid


% 相位图的固定轴(对 π 归一化)
subplot(224)
pax=[0 1 −1 1];
axis(pax);
grid


GG=polyval(bb, exp(j * ww))./polyval(aa, exp(j * ww));
HH=abs(GG); PP=angle(GG);
for i=1:length(ww);
  w=ww(i);
  z=exp(j * w);
  Gz=polyval(bb, z)./polyval(aa, z);
  HH(i)=abs(Gz);    PP(i)=angle(Gz);


subplot(121)
zplane([0], []);
hold on
plot(real(z), imag(z), 'sg');
for www=−0.8:0.2:0.8
    ejw=exp(j * www * pi);
    ll=sprintf('%.1f\\pi', www);
    text(real(ejw), imag(ejw), ll);
end
for r=pp.'
    plot(real(r), imag(r), 'xr');
    plot([real(r), real(z)], [imag(r), imag(z)], '−r');
end
 for r=zz.'
```

```
        plot(real(r), imag(r), 'ob');
        plot([real(r), real(z)], [imag(r), imag(z)], '-g');
    end
hold off
    subplot(222)
    plot(ww/pi, HH, w/pi, HH(i), 'sg', [w/pi w/pi], [0 HH(i)], '-g');
    axis(fax)
    grid
    title('magnitude');
    subplot(224)
    plot(ww/pi, PP/pi, w/pi, PP(i)/pi, 'sg');
    axis(pax)
    grid
    title('phase'); xlabel('\omega / \pi');
    set(gca, 'YTick', [-1 -0.5 0 0.5 1])
    pause(0.1);            % 调整速度
end
```

程序运行结果如图 11.2 所示。

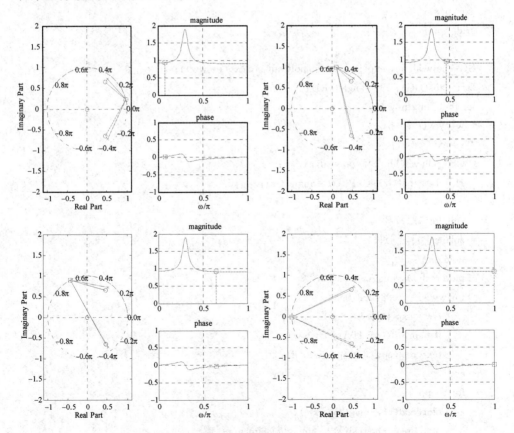

图 11.2　零极点图和在区间 $0 \leqslant \omega \leqslant \pi$ 的频率响应

四、基本实验

1. 计算并画出频率响应函数

$$H(z) = \frac{0.15(1-z^{-2})}{1-0.5z^{-1}+0.7z^{-2}}$$

零极点图，以及在区间 $0 \leqslant \omega \leqslant \pi$ 的频率响应。

2. 假设一个系统的系统函数为

$$H(z) = \frac{1-1.7z^{-1}}{1-2.05z^{-1}+z^{-2}}$$

输入序列的 Z 变换为

$$X(z) = \frac{1}{1-0.9z^{-1}} \quad |z| > 0.9$$

在极坐标图上，绘制系统函数 $H(z)$ 的极点和零点的位置以及相应的收敛区间，并讨论在每个收敛区间上系统的因果性和稳定性，判断每个收敛区间是否都存在傅里叶变换 $H(z = \mathrm{e}^{\mathrm{j}\omega})$。

3. 给定一个全极点滤波器，系统函数为

$$H(z) = \frac{1}{1-0.5z^{-1}+0.2z^{-2}-0.1z^{-3}+0.007z^{-4}+0.14z^{-5}+0.15z^{-6}}$$

(1) 绘制零极点图像；

(2) 使用 MATLAB 中 freqz 命令求此系统的频率响应，从结果来看，极点位置对程序运行结果有什么影响？

五、拓展实验

1. 将基本实验 3 中滤波器改为全零点型，重复上述过程，系统函数 $H(z)$ 为

$$H(z) = 1+1.9z^{-1}+0.8z^{-2}-0.8z^{-3}-0.7z^{-4}$$

分析该 $H(z)$ 作为一个滤波器能够实现什么功能。

2. 将基本实验 3 中滤波器改为零极点型，重复上述过程，系统函数 $H(z)$ 为

$$H(z) = \frac{1-2\cos\omega_0 z^{-1}+z^{-2}}{1-2\alpha\cos\omega_0 z^{-1}+z^{-2}}$$

其中，$\alpha = 0.8$，$\omega_0 = \frac{\pi}{4}$。改变 α 的大小，分析它对极点位置有什么影响，当 α 取什么值时，可以使系统稳定？

实验 12　　离散傅里叶变换(DFT)

一、实验目的

　　1. 掌握 DFT 的原理和实现。

　　2. 掌握 FFT 的原理和实现。

　　3. 掌握用 FFT 对连续信号和离散信号进行谱分析的方法。

二、实验原理

1. DTFT 与 DFT 的关系

　　在信号与系统的理论课程中，我们了解到如何使用离散时间信号的傅里叶变换(DTFT)在频域中表达信号。该变换采用以下形式：

$$X(e^{j\omega}) = \sum_{n=-\infty}^{\infty} x(n)e^{-j\omega n}$$

这个变换无法在数字计算机上完成。在本实验中，我们将学习一种类似于上述形式的离散傅里叶变换(DFT)，这一变换可以在数字计算机上实现。序列的 N 点 DFT 是 DTFT 在 $[0, 2\pi]$ 上的 N 点等间隔采样，采样间隔为 $2\pi/N$。通过 DFT，可以由一组有限个信号采样值 $x(n)$ 直接计算得到一组有限个频谱采样值 $X(k)$。$X(k)$ 的幅度谱 $|X(k)| = \sqrt{X_R^2(k) + X_I^2(k)}$，$X_R(k)$ 和 $X_I(k)$ 分别为 $X(k)$ 的实部和虚部。$X(k)$ 的相位谱为 $\phi(k) = \arctan\{X_I(k)/X_R(k)\}$。DFT 通常定义为

$$X(k) = \sum_{n=0}^{N-1} x(n)W_N^{nk} \quad (k=0, \cdots, N-1)$$

其中，$W_N \stackrel{\text{def}}{=} e^{-j\frac{2\pi}{N}}$。

　　在信号与系统理论课上，我们学习了上述 DTFT 和 DFT 的一些区别。显然，如果当 $n>N-1$ 或 $n<0$ 时，$x(n)=0$，DTFT 和 DFT 是等价的。我们还学习过，快速傅里叶变换(FFT)是 DFT 的一种快速算法，计算效率更高。MATLAB 中的 fft 函数就是实现这一快速算法的命令。

　　离散傅里叶反变换(IDFT)可以表示为

$$x(n) = \frac{1}{N}\sum_{k=0}^{N-1} X(k)W_N^{-nk} \quad (n=0, \cdots, N-1)$$

　　如果用 $\boldsymbol{x} = \{x(0), x(1), \cdots, x(N-1)\}$ 和 $\boldsymbol{X} = \{X(0), X(1), \cdots, X(N-1)\}$ 分别

表示两个 N 维列矢量，$\boldsymbol{D}_N$ 表示一个 N 维方阵：

$$\boldsymbol{D}_N = \begin{bmatrix} 1 & 1 & \cdots & 1 \\ 1 & W_N^1 & \cdots & W_N^{N-1} \\ \vdots & \vdots & & \vdots \\ 1 & W_N^{N-1} & \cdots & W_N^{(N-1)^2} \end{bmatrix}$$

那么，DFT 和 IDFT 可以分别表示为

$$X = \boldsymbol{D}_N x \quad 和 \quad x = \boldsymbol{D}_N^{-1} X$$

实现矩阵 $\boldsymbol{D}_N$ 计算的 MATLAB 命令如下：

```
n=[0:1:N-1];
k=[0:1:N-1];
DN=exp(-j*2*pi/N*n'*k);      % DN 是一个 N×N 阶 DEF 矩阵
```

另外，按照 DFT 和 IDFT 的定义，采用 MATLAB 分别实现如下：

```
function [Xk]=dft(xn, N)
% 计算离散傅里叶变换
% [Xk]=dft(xn, N)
% Xk：离散傅里叶变换系数，其中 0<=k<=N-1
% xn：N 点时间序列
% N：离散傅里叶变换的长度


n=[0:1:N-1];
k=[0:1:N-1];
xn=xn(:);                    % 使得 xn 是一个列矢量
WN=exp(-j*2*pi/N*n'*k);      % 创造一个 N 维矩阵
Xk=WN * xn;
Xk=Xk.';                     % 变为 DFT 系数的行向量


function [xn]=idft(Xk, N)
% 计算离散傅里叶逆变换
% [xn]=idft(Xk, N)
% xn：N 点时间序列，其中 0<=n<=N-1
% Xk：离散傅里叶变换系数，其中 0<=k<=N-1
% N：离散傅里叶变换的长度
n=[0:1:N-1];
k=[0:1:N-1];
Xk=Xk(:);                    % 使得 xk 是一个列矢量
WN=exp(j*2*pi/N*n'*k);       % 创造一个 N 维矩阵
xn=(WN * Xk)/N;
xn=xn.';                     % 变为一个列矢量
```

2. 周期卷积

假设 $x(n)$ 和 $y(n)$ 都是长度为 N 的有限长序列，它们的 DFT 分别为 $X(k)$ 和 $Y(k)$，若它们的有值区间为 $0 \leqslant n \leqslant N-1$，那么 $x(n)$ 和 $y(n)$ 的周期卷积的 DFT 为 $X(k)$ 和 $Y(k)$ 的乘积，即

$$x(n) \otimes y(n) = \sum_{m=0}^{N-1} x(n)y((n-m)_N) \xrightarrow{\text{DFT}} X(k)Y(k)$$

其中 $(n-m)_N$ 表示取差值 $(n-m)$ 除以 N 的余数。

两个序列 x_1 和 x_2 的周期卷积的 MATLAB 程序如下：

```
function y=circonvt(x1, x2, N)
% x1 和 x2 之间的 N 点周期卷积
% [y]=circonvt(x1, x2, N)
% y：包含周期卷积的输出序列
% x1：输入序列的长度 N1<=N
% x2：输入序列的长度 N2<=N
% N：循环缓冲区的大小
% 方法：y(n)=sum (x1(m) * x2((n-m) mod N))
if length(x1) > N
    error('N must be >=the length of x1')
end
if length(x2) > N
    error('N must be >=the length of x2')
end
x1=[x1 zeros(1, N-length(x1))];    x2=[x2 zeros(1, N-length(x2))];
m=[0:1:N-1];
x2n=x2(mod(-m, N)+1);    % 获取序列 x2n[n]=x2[-n]
for n=0:N-1
    y(n+1)=x1 * cirshftt(x2n, n, N).';
end
```

3. 快速傅里叶变换(FFT)

有限长序列可以通过离散傅里叶变换将其频域也离散化成有限长序列。但其计算量太大，很难实时地处理问题，因此引出了快速傅里叶变换（Fast Fourier Transform，FFT）。1965 年，Cooley 和 Tukey 提出了计算离散傅里叶变换(DFT)的快速算法，将 DFT 的运算量减少了几个数量级。从此，对 FFT 算法的研究便不断深入，同时数字信号处理这门新兴学科也随 FFT 的出现而迅速发展。FFT 在离散傅里叶逆变换、线性卷积和线性相关等方面有重要应用，快速傅里叶变换(FFT)是计算离散傅里叶变换(DFT)的快速算法。

三、程序示例

【示例 12 - 1】　考虑一个序列 $x(n)$，当满足 $n=0, 1, 2, \cdots, N-1$ 时，$x(n)=1$，其

他情况下等于 0。计算序列 $x(n)$ 的 N 点 DFT，并与 $x(n)$ 的 DTFT 进行对比。

$x(n)$ 的 DTFT 可以表示为

$$X(\mathrm{e}^{\mathrm{j}\omega}) = \sum_{n=0}^{N-1} x(n)\mathrm{e}^{-\mathrm{j}\omega n} = \frac{1-\mathrm{e}^{-\mathrm{j}\omega N}}{1-\mathrm{e}^{-\mathrm{j}\omega}} = \frac{\sin(\omega N/2)}{\sin(\omega/2)}\mathrm{e}^{-\mathrm{j}\omega(N-1)/2}$$

它的幅频响应 $|X(\mathrm{e}^{\mathrm{j}\omega})| = \dfrac{\sin(\omega N/2)}{\sin(\omega/2)}$。序列 $x(n)$ 的 N 点 DFT 及其与 DTFT 对比的

MATLAB 程序如下：

```
N=11;
w=0:1/1000:2*pi;
magX=abs(sin(N*w/2)./sin(w/2));
plot(w/pi,magX);
grid
x=ones(1,N);
X=dft(x,N);
holdon;
stem(2*[0:N-1]/N,abs(X),'r');
```

程序运行结果如图 12.1 所示。

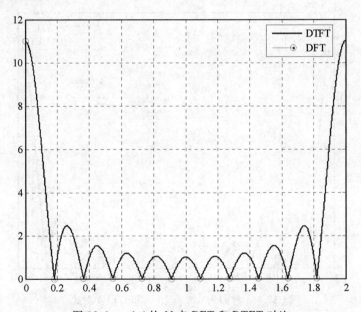

图 12.1　$x(n)$ 的 N 点 DFT 和 DTFT 对比

　　如果考虑在序列 $x(n)$ 后补充 N 个零，即[ones(1, N) zeros(1, N)]，使得序列长度为 $2N$，那么序列 $x(n)$ 的 $2N$ 点 DFT 及其与 DTFT 对比的 MATLAB 程序如下：

```
x2=[ones(1,N) zeros(1,N)];
X2=dft(x2,2*N);
stem(2*[0:2*N-1]/(2*N),abs(X2),'g');
```

程序运行结果如图 12.2 所示。

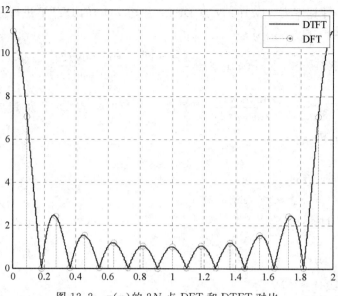

图 12.2　$x(n)$ 的 $2N$ 点 DFT 和 DTFT 对比

　　类似地，如果考虑在序列 $x(n)$ 后补充 $5N$ 个零，即 $[\text{ones}(1, N)\ \text{zeros}(1, 5N)]$，使得序列长度为 $6N$，那么序列 $x(n)$ 的 $6N$ 点 DFT 及其与 DTFT 对比如图 12.3 所示。

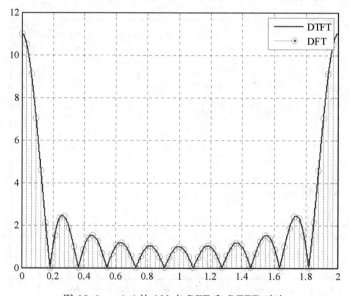

图 12.3　$x(n)$ 的 $6N$ 点 DFT 和 DTFT 对比

　　【示例 12 - 2】　离散信号 $x(n) = 0.9^n$ 和 $y(n) = e^{jn\pi/2}x(n)$，$0 \leqslant n \leqslant 100$。画出这两个信号的幅频响应和相频响应图，验证其 DFT 的频移特性。

　　令 $N = 100$，根据 DTFT 的频移特性，我们可以得到 $Y(e^{j\omega}) = X(e^{j(\omega - \pi/2)})$。因为 $x(n)$ 的 DFT 为

$$X(k) = \sum_{n=0}^{N-1} x(n) W_N^{nk} = X(e^{j2\pi k/N})$$

所以我们可以得到 $y(n)$ 的 DFT，即

$$e^{jn\pi/2} x(n) \xrightarrow{\text{DFT}} Y(k) = \sum_{n=0}^{N-1} x(n) W_N^{n(k+\pi/2)}$$

MATLAB 程序如下:

```
n=0:100;   x=0.9.^n;   X=fft(x);
y=exp(j*pi*n/2).*x;          % signal multiplied by exp(j*pi*n/4)
Y=fft(y);
k=0:length(x)-1;
w=(2*pi/length(x))*k;        % 0 到 2π 之间的频率值
subplot(2,2,1); plot(w/pi, abs(X)); grid;
axis([0,2,0,12]); xlabel('\omega/\pi'); ylabel('|X|');
title('Magnitude of X');
subplot(2,2,2); plot(w/pi, angle(X)/pi); grid;
axis([0,2,-0.5,0.5]); xlabel('\omega/\pi'); ylabel('radians/\pi');
title('Phase of X');
subplot(2,2,3); plot(w/pi, abs(Y)); grid;
axis([0,2,0,12])
xlabel('\omega/\pi'); ylabel('|Y|')
subplot(2,2,4); plot(w/pi, angle(Y)/pi); grid;
axis([0,2,-0.5,0.5])
xlabel('\omega/\pi'); ylabel('radians/\pi'); title('Phase of Y')
```

仿真结果如图 12.4 所示。

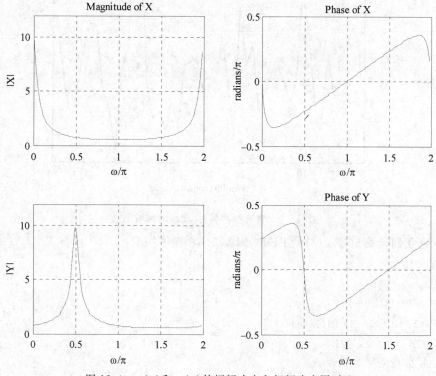

图 12.4 $x(n)$ 和 $y(n)$ 的幅频响应和相频响应图对比

【**示例 12 - 3**】　利用 DFT 分析含有噪声干扰的信号 $x(t)=s(t)+z(t)$。信号 $s(t)=$ $0.7\sin(2\pi*50t)+\sin(2\pi*120t)$，利用采样频率 1000 Hz 进行采样。噪声信号 $z(t)=$ $2*\text{randn}(t)$。

MATLAB 程序如下：

```
Fs=1000;              % 采样频率
T=1/Fs;               % 采样周期
L=1500;               % 信号长度
t=(0:L-1)*T;          % 时间向量
S=0.7*sin(2*pi*50*t)+sin(2*pi*120*t);
X=S+2*randn(size(t));
plot(1000*t(1:50), X(1:50))
title('Signal Corrupted with Zero-Mean Random Noise')
xlabel('t (milliseconds)')
ylabel('X(t)')
```

我们可以画出含有噪声信号 $x(t)$ 的时域图，如图 12.5 所示。

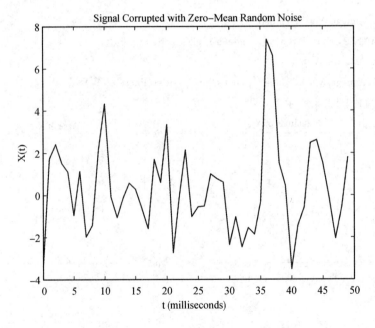

图 12.5　含有噪声信号 $x(t)$ 的时域图

接下来我们计算信号 $x(t)$ 的 FFT，MATLAB 程序如下：

```
Y=fft(S);
P2=abs(Y/L);
P1=P2(1:L/2+1);
P1(2:end-1)=2*P1(2:end-1);
f=Fs*(0:(L/2))/L;
subplot(211)
plot(f, P1)
```

```
title('Single-Sided Amplitude Spectrum of S(t)')
xlabel('f (Hz)')
ylabel('|P1(f)|')
Y=fft(X);
P2=abs(Y/L);
P1=P2(1:L/2+1);
P1(2:end−1)=2 * P1(2:end−1);
subplot(212)
plot(f, P1)
title('Single-Sided Amplitude Spectrum of X(t)')
xlabel('f (Hz)')
ylabel('|P1(f)|')
```

程序运行结果如图 12.6 所示。

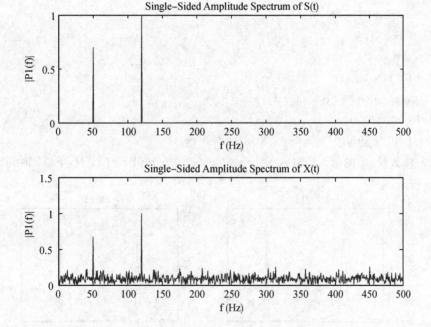

图 12.6　原信号 $s(t)$ 和含噪信号 $x(t)$ 的 FFT

【示例 12 - 4】　已知信号 $x(t) = \sin(2\pi f_1 t) + \sin(2\pi f_2 t) + \sin(2\pi f_3 t)$，其中 $f_1 = 4$ Hz，$f_2 = 4.02$ Hz，$f_3 = 5$ Hz，以采样频率 20 Hz 进行采样，试求：

(1) 当采样长度 N 分别为 512 和 2048 时 $x(t)$ 的幅度频谱；

(2) 当采样长度 N 为 32，且增补 N 个零点、$4N$ 个零点、$8N$ 个零点、$16N$ 个零点时 $x(t)$ 的幅度频谱。

以 20 Hz 的采样频率对信号进行采样是满足采样定理的。频率分辨率是 DFT 中谱线间的最小间隔，单位是 Hz。对于长度为 N 的序列，频率分辨率为 f_s/N，它为采样频率。因为采样点数 N 不是周期的整数倍，所以一定存在频谱泄露情况。当 $f_s = 20$ Hz 时，$N = 512$，分辨率 $20/512 \approx 0.039$ Hz > 0.02 Hz，不能区分信号中频率为 4 Hz 和 4.02 Hz 的两个分量。当 $N=2048$ 时，分辨率 $20/2048\approx0.01$ Hz<0.02 Hz，可以区分信号中频率为 4 Hz 和 4.02 Hz 的两个分量。

首先，编写一个取 N 个点并补充 $n\times N$ 个 0 的函数 sample，取样点数为 N，补零数为 n：

```
function x=sample2(N, n)
Fs=20；
T=1/Fs；
N=1500；
t=(0:N-1) * T ；
x=sin(2 * pi * 4 * t)+sin(2 * pi * 4.02 * t)+sin(2 * pi * 5 * t)；
x(N+1:N * (n+1))=0；  ％补零
```

另外，编写一个利用 MATLAB 自带函数计算 FFT 并绘图的函数 myFFT（序列 x 的长度为 N）：

```
function myFFT(x, N, Fs)
X=fft(x, N)；
P2=abs(X/N)；
P1=P2(1:N/2+1)；
P1(2:end-1)=2 * P1(2:end-1)；
f=Fs * (0:(N/2))/N；
plot(f, P1)；xlabel('f')；ylabel('|X(k)|')；hold on；
```

改变采样数量 N 的值，当输入 x＝Sample(N, 0)；myFFT(x, N, Fs)；时得到的结果如图 12.7 所示。

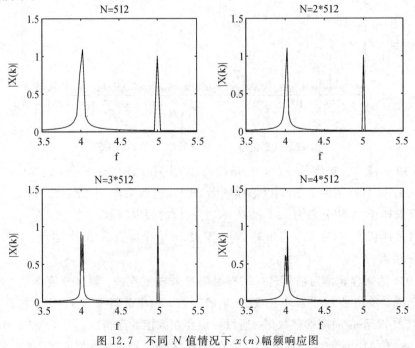

图 12.7　不同 N 值情况下 $x(n)$ 幅频响应图

可以发现，随着 N 的增加，分辨率越来越高。下面我们来分析对采样数据进行补零是否有助于分辨率的提高。我们对采样数据添加 $n \times N$ 个 0 后，改变 n 的值，且输入 N＝512；x＝Sample(N，n)；myFFT(x，N，Fs)；时得到的结果如图 12.8 所示。

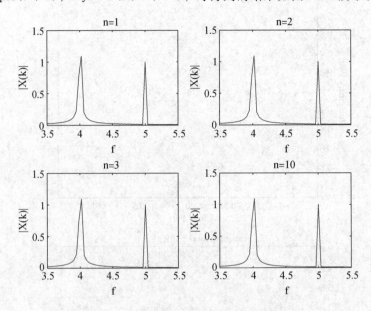

图 12.8 不同 n 值情况下 $x(n)$ 幅频响应图

可以发现，补零不会增加信号的频谱分辨率。

四、基本实验

1. 计算离散信号 $x_1(n)=0.7^{|n|}[u(n+20)-u(n-21)]$ 和 $x_2(n)=n0.9^{|n|}[u(n)-u(n-21)]$ 的 DFT，并画出相应的幅频响应、相频响应，以及实部和虚部与频率的关系图。

2. 求有限长离散时间信号 $x(n)$ 的离散时间傅里叶变换(DTFT)$X(e^{j\Omega})$ 并绘图。

(1) 已知 $x(n) = \begin{cases} 1 & (-2 \leqslant n \leqslant 2) \\ 0 & (其他) \end{cases}$；

(2) 已知 $x(n)=2^n$ （$0 \leqslant n \leqslant 10$）。

3. 已知有限长序列 $x(n)=\{8,7,9,5,1,7,9,5\}$，试分别采用 DFT 和 FFT 求其离散傅里叶变换 $X(k)$ 的幅度、相位图。

4. 已知连续时间信号 $x(t)=3\cos 8\pi t$，$X(\omega)=3\pi[\delta(\omega-8\pi)+\delta(\omega+8\pi)]$，该信号从 $t=0$ 开始以采样周期 $T_s=0.1$ s 进行采样得到序列 $x(n)$，试选择合适的采样点数，分别采用 DFT 和 FFT 求其离散傅里叶变换 $X(k)$ 的幅度、相位图，并将结果与 $X(k)$ 的幅度、相位图及 $X(\omega)$ 相比较。

五、拓展实验

下面是对一个全极点系统和其逆系统关系的分析，请解释每一行 MATLAB 编程，并进一步说明相应的结果（见图 12.9）。

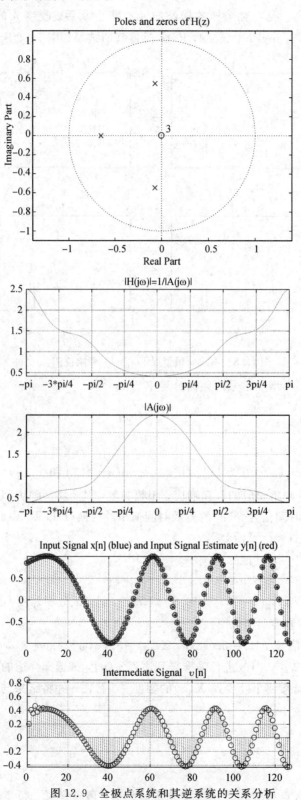

图 12.9　全极点系统和其逆系统的关系分析

```
clc; clear; close all;
a=[1 0.8 0.4 0.2];
%% 第一部分
figure('Name', 'An All-Pole System');
zplane(1, a);
title('Poles and zeros of H(z)');
NSamples=256;
w=-pi:pi/NSamples:pi;
H=freqz(1, a, w);
A=freqz(a, 1, w);
figure('Name', 'An All-Pole System');
subplot(2, 1, 1);
plot(w, abs(H));
title('|H(j\omega)|=1/|A(j\omega)|');
set(gca, 'XTick', -pi:pi/4:pi);
set(gca, 'XTickLabel', {'-pi', '-3*pi/4', '-pi/2', '-pi/4', '0', 'pi/4', 'pi/2', '3pi/4', 'pi'});
xlim([-pi pi]);
axis tight;
grid on;
subplot(2, 1, 2);
plot(w, abs(A));
title('|A(j\omega)|');
set(gca, 'XTick', -pi:pi/4:pi);
set(gca, 'XTickLabel', {'-pi', '-3*pi/4', '-pi/2', '-pi/4', '0', 'pi/4', 'pi/2', '3pi/4', 'pi'});
xlim([-pi pi]);
axis tight;
grid on;
%% 第二部分
% 差分方程：δ[n]=x[n]-0.8δ[n-1]-0.4δ[n-2]-0.2δ[n-3].
%% 第三部分
% 逆系统差分方程：
y[n]=δ[n]+0.8δ[n-1]+0.4δ[n-2]+0.2δ[n-3].
n=0:127; a1=0.05; a2=0.001; phi=1;
x=sin(a1*n+a2*n.^2+phi);
v=filter(1, a, x);
y=filter(a, 1, v);
figure('Name', ' An All-Pole System');
subplot(2, 1, 1);
stem(n, x);
hold on;
```

```
title('Input Signal x[n] (blue) and Input Signal Estimate y[n] (red)');
axis tight;
grid on;
subplot(2, 1, 2);
stem(n, v);
title('Intermediate Signal \upsilon[n]');
axis tight;
grid on;
subplot(2, 1, 1);
stem(n, y, 'r*');
```

信号与系统实验报告（模板）

学　　院＿＿＿＿＿＿＿＿＿＿＿　专业＿＿＿＿＿＿　时间＿＿＿年＿月＿日

实验名称＿＿＿＿＿＿＿＿＿＿＿＿＿＿＿＿＿＿　指导教师＿＿＿＿＿＿

姓　　名＿＿＿＿＿＿＿　年级＿＿＿＿＿　学号＿＿＿＿＿　成绩＿＿＿＿＿

一、预习部分

1. 实验目的

2. 实验基本原理

3. 主要仪器设备（含必要的元器件、工具）

二、实验操作部分

1. 实验数据、表格及数据处理

2. 实验操作过程（可用图表示）

3. 实验结论

三、实验效果分析(包括仪器设备等的使用效果)

四、教师评语

指导教师
年   月   日

附件(实验中的程序)

参 考 文 献

[1]　张小凤，张光斌. 信号与系统实验[M]. 北京：科学出版社，2017.

[2]　杜尚丰，赵龙莲，苏娟，等. 信号与系统教程及实验[M]. 2 版. 北京：清华大学出版社，2018.

[3]　尚宇，潘海仙，杨红丽. 基于 MATLAB 的信号与系统实验指导[M]. 北京：中国电力出版社，2020.

[3]　王小扬，孙强，王琦，等. 信号与系统实验与实践[M]. 3 版. 北京：清华大学出版社，2021.

[4]　宣宗强，秦红波，白丽娜，等. 电路、信号与系统实验指导[M]. 西安：西安电子科技大学出版社，2019.

[5]　OPPENHEIM A V，WILLSKY A S，NAWAB S H. 信号与系统 [M]. 刘树棠，译. 北京：电子工业出版社，2020.